世界王牌武器入门之
狙击步枪
SNIPER RIFLE

军情视点 编

化学工业出版社
·北京·

本书精心选取了世界各国研制的百余种狙击步枪，涵盖了美国、苏联/俄罗斯、英国、德国、法国、奥地利和比利时等多个轻武器制造强国自第二次世界大战以来生产的若干名品。书中对每种狙击步枪均以简洁精炼的文字介绍了其研制历史、作战性能以及装备情况等方面的知识。为了增强阅读趣味性，并加深读者对狙击步枪的认识，还专门介绍了狙击步枪在一些电影和游戏作品中的登场表现。

本书内容结构严谨、分析讲解透彻，图片精美丰富，不仅带领读者熟悉狙击步枪发展历程，而且还可以了解狙击步枪的结构性能等，特别适合作为广大军事爱好者的参考资料和青少年朋友的军事入门读物。

图书在版编目(CIP)数据

世界王牌武器入门之狙击步枪／军情视点编.—北京：化学工业出版社，2018.8（2023.1重印）
 ISBN 978-7-122-32389-7

Ⅰ.①世⋯ Ⅱ.①军⋯ Ⅲ.①狙击步枪-介绍-世界 Ⅳ.①E922.12

中国版本图书馆CIP数据核字（2018）第127725号

责任编辑：徐 娟　　　　　　　　　　装帧设计：中海盛嘉
责任校对：王素芹　　　　　　　　　　封面设计：刘丽华

出版发行：化学工业出版社（北京市东城区青年湖南街13号　邮政编码100011）
印　　刷：北京云浩印刷有限责任公司
装　　订：三河市振勇印装有限公司
787mm×1092mm　1/16　印张6$\frac{1}{2}$　字数200千字　2023年1月北京第1版第7次印刷

购书咨询：010-64518888　　　　　　　售后服务：010-64518899
网　　址：http://www.cip.com.cn
凡购买本书，如有缺损质量问题，本社销售中心负责调换。

定　　价：39.80元　　　　　　　　　　　　　　　　版权所有　违者必究

前 言

熟悉中国古代战争史的人都知道，历朝历代善于射箭的武将极多，如西汉名将李广、三国老将黄忠和唐朝虎将薛仁贵等。在世界其他国家的历史上，也不乏以箭术通神而闻名的传奇人物。这些武将之所以留名千古，很大程度上是因为弓箭在冷兵器时代的重要地位。

在冷兵器时代，射箭是最有效的狙击方式，远距离隐蔽攻击，保证了自身的安全，而且成本低廉，可以回收再利用。许多箭手能够在复杂的环境条件下射中目标，不仅有赖于多年实践积攒下来的经验，也要仰仗他们手中的强弓。时至今日，弓箭早已不是现代军队的常规武器，但是军队中仍然有远距离狙击敌人的兵种，也就是狙击手。与箭手拥有强弓一样，狙击手也有他们的专属武器——狙击步枪。

一般来说，狙击步枪是指在普通步枪中挑选或专门设计制造，射击精度高、距离远、可靠性好的专用步枪。这种步枪以射程远、精度高、威力强而著称，其用途与冷兵器时代的弓箭有异曲同工之妙。凭借这些性能优异的狙击步枪，军队或是警队中的狙击手才能胜任各种高难度的作战任务。

本书精心选取了世界各国研制的百余种狙击步枪，涵盖了美国、苏联/俄罗斯、英国、德国、法国、奥地利和比利时等多个轻武器制造强国自第二次世界大战以来生产的若干名品。书中对每种狙击步枪均以简洁精炼的文字介绍了其研制历史、作战性能以及装备情况等方面的知识。为了增强阅读趣味性，并加深读者对狙击步枪的认识，书中最后一章还专门介绍了狙击步枪在一些电影和游戏作品中的表现。

作为传播军事知识的科普读物，最重要的就是内容的准确性。本书的相关数据资料均来源于国外知名军事媒体和军工企业官方网站等权威途径，坚决杜绝抄袭拼凑和粗制滥造。在确保准确性的同时，我们还着力增加趣味性和观赏性，尽量做到将复杂的理论知识用简明的语言加以说明，并添加了大量精美的图片。

参加本书编写的有丁念阳、黎勇、王安红、邹鲜、李庆、王楷、黄萍、蓝兵、吴璐、阳晓瑜、余凑巧、余快、任梅、樊凡、卢强、席国忠、席学琼、程小凤、许洪斌、刘健、王勇、黎绍美、刘冬梅、彭光华、杨淼淼、祝如林、杨晓峰、张明芳、易小妹等。在编写过程中，国内多位军事专家对全书内容进行了严格的筛选和审校，使本书更具专业性和权威性，在此一并表示感谢。

由于时间仓促，加之军事资料来源的局限性，书中难免存在疏漏之处，敬请广大读者批评指正。

编者
2018年3月

CONTENTS 目录

第1章 狙击步枪概述 …… 001

狙击步枪的历史 / 002
狙击步枪的分类 / 004
狙击步枪的构造 / 005

第2章 美国狙击步枪入门 …… 007

美国 M1903A4 狙击步枪 / 008
美国 M24 狙击步枪 / 009
美国 M40 狙击步枪 / 010
美国 M40A1 狙击步枪 / 010
美国 M40A3 狙击步枪 / 010
美国 M40A5 狙击步枪 / 011
美国 M2010 狙击步枪 / 012
美国 SR8 狙击步枪 / 013
美国 R11 RSASS 狙击步枪 / 013
美国 MSR 狙击步枪 / 014
美国 M82A1 狙击步枪 / 014
美国 M82A2 狙击步枪 / 014
美国 M82A3 狙击步枪 / 015
美国 M107 狙击步枪 / 016
美国 M95 狙击步枪 / 017

美国 M98B 狙击步枪 / 017
美国 M99 狙击步枪 / 017
美国 XM109 狙击步枪 / 018
美国 XM500 狙击步枪 / 019
美国 MRAD 狙击步枪 / 020
美国 M21 狙击步枪 / 020
美国 M25 狙击步枪 / 020
美国 TAC-50 狙击步枪 / 021
美国 CS5 狙击步枪 / 022
美国"风行者"M96 狙击步枪 / 022
美国哈里斯 M96 狙击步枪 / 023
美国 AR-50 狙击步枪 / 023
美国 AR-30 狙击步枪 / 024
美国 SR-25 狙击步枪 / 024
美国 M110 狙击步枪 / 025
美国 RC-50 狙击步枪 / 026
美国 M200 狙击步枪 / 027
美国 M310 狙击步枪 / 028
美国 Tango 51 狙击步枪 / 028
美国 M8400 狙击步枪 / 029
美国 SRS 狙击步枪 / 029
美国 HTI 狙击步枪 / 030

美国 MD50 狙击步枪 / 031

美国 BA50 狙击步枪 / 031

美国 "罂耗" 狙击步枪 / 031

美国 布朗精密战术步枪 / 032

美国 MK 12 特种用途步枪 / 032

美国 SAM-R 精确射手步枪 / 033

美国 M14 DMR 步枪 / 034

美国 M39 EMR 步枪 / 034

第 3 章 苏联/俄罗斯狙击步枪入门 … 035

苏联莫辛-纳甘 M1891/30 狙击步枪 / 036

苏联/俄罗斯 SVD 狙击步枪 / 037

苏联/俄罗斯 SVDK 狙击步枪 / 038

苏联/俄罗斯 SVDS 狙击步枪 / 038

苏联/俄罗斯 VSS 狙击步枪 / 039

俄罗斯 SVU 狙击步枪 / 040

俄罗斯 SV-98 狙击步枪 / 040

俄罗斯 SV-99 狙击步枪 / 041

俄罗斯 OSV-96 狙击步枪 / 041

俄罗斯 VKS 狙击步枪 / 042

俄罗斯 VSK-94 狙击步枪 / 042

俄罗斯 KSVK 狙击步枪 / 043

俄罗斯 T-5000 狙击步枪 / 044

第 4 章 英国狙击步枪入门 …… 045

英国 No.4 Mk I (T) 狙击步枪 / 046

英国 L42A1 狙击步枪 / 047

英国帕克黑尔 M82 狙击步枪 / 048

英国帕克黑尔 M85 狙击步枪 / 048

英国 PM 狙击步枪 / 049

英国 AW 狙击步枪 / 049

英国 AWM 狙击步枪 / 050

英国 AWP 狙击步枪 / 050

英国 AWS 狙击步枪 / 050

英国 AW50 狙击步枪 / 051

英国 AS50 狙击步枪 / 051

英国 AE 狙击步枪 / 051

英国 AX 338 狙击步枪 / 052

英国 AX 50 狙击步枪 / 052

英国 AX 308 狙击步枪 / 052

第 5 章 德国狙击步枪入门 …… 053

德国 Kar98k 狙击步枪 / 054

德国 PSG-1 狙击步枪 / 055

德国 MSG90 狙击步枪 / 055

德国 G3SG/1 狙击步枪 / 055

德国 SL9SD 狙击步枪 / 056

德国 SR-100 狙击步枪 / 056

德国 SR-93 狙击步枪 / 056

德国 DSR-1 狙击步枪 / 057

德国 DSR-50 狙击步枪 / 058

德国 WA 2000 狙击步枪 / 058

德国 R93 狙击步枪 / 059

德国 SP66 狙击步枪 / 059

德国 SSG-82 狙击步枪 / 060

德国 86SR 狙击步枪 / 060

德国 RS9 狙击步枪 / 061

德国 HK G28 精确射手步枪 / 061

德国 HK417 精确射手步枪 / 062

第6章 其他国家狙击步枪入门 … 063

法国 FR-F1 狙击步枪 / 064
法国 FR-F2 狙击步枪 / 065
法国 PGM Hecate Ⅱ 狙击步枪 / 066
奥地利 TPG-1 狙击步枪 / 067
奥地利 SSG 04 狙击步枪 / 068
奥地利 SSG 08 狙击步枪 / 068
奥地利 SSG 69 狙击步枪 / 069
奥地利 Scout 狙击步枪 / 069
奥地利 HS50 狙击步枪 / 069
瑞士 B&T APR 狙击步枪 / 070
瑞士 SSG 2000 狙击步枪 / 070
瑞士 SSG 3000 狙击步枪 / 071
瑞士 OM 50 狙击步枪 / 071
比利时 FN SPR 狙击步枪 / 071
比利时 FN "弩炮" 狙击步枪 / 072
比利时 FN 30-11 狙击步枪 / 072
比利时 Mk 20 狙击步枪 / 073
以色列 "加利尔" 狙击步枪 / 073
以色列 SR99 狙击步枪 / 074
以色列 M89SR 狙击步枪 / 074
以色列 DAN 狙击步枪 / 075
波兰 "博尔" 狙击步枪 / 075
波兰 "阿历克斯" 狙击步枪 / 076
捷克 CZ 700 狙击步枪 / 076
捷克 "猎鹰" 狙击步枪 / 077
芬兰 Sako TRG 狙击步枪 / 077

挪威 NM149S 狙击步枪 / 078
加拿大 C14 MRSWS 狙击步枪 / 078
土耳其 JNG-90 狙击步枪 / 079
土耳其 KNT-308 狙击步枪 / 079
南非 NTW-20 狙击步枪 / 080
南斯拉夫 Zastava M76 狙击步枪 / 080
南斯拉夫 Zastava M91 狙击步枪 / 081
南斯拉夫 Zastava M93 狙击步枪 / 081
克罗地亚 RT-20 狙击步枪 / 082
匈牙利 "猎豹" 狙击步枪 / 082
罗马尼亚 PSL 狙击步枪 / 083
阿塞拜疆 "独立" 狙击步枪 / 083
菲律宾 MSSR 狙击步枪 / 084
伊拉克 "塔布克" 步枪 / 084
日本九七式狙击步枪 / 085
日本九九式狙击步枪 / 085
日本丰和 64 式步枪 / 086
韩国 K14 狙击步枪 / 086

第7章 光影中的狙击步枪 …… 087

电影中的狙击步枪 / 088
《兵临城下》 / 088
《生死狙击》 / 090
《太阳之泪》 / 092
游戏中的狙击步枪 / 094
《战地 3》 / 094
《反恐精英 Online》 / 096

参考文献 …… 098

第1章

狙击步枪概述

根据军方或执法部门的定义,狙击步枪通常是指精度和射程比一般步枪更高、更远的精密型步枪。其部署以战术为主,但是能够产生战略性效用。狙击步枪的射击精度极高,主要用于攻击敌方的重要目标。本章详细介绍了狙击步枪的发展历史、分类和构造等知识。

◆ 狙击步枪的历史

对于狙击步枪的起源时间，其实并没有一个确切的说法，因为在步枪最早被用作狙击用途时，世界上还没有"狙击步枪"一词。早期的狙击步枪是一个广义的概念，当时还没有安装具有镜片的瞄准镜，仅仅是士兵为了达到精确隐秘的射杀目的，在稳定性和精度比较好的步枪上加装一个瞄准筒来进一步提高射击精度。

到了美国内战时期，部分南方邦联士兵开始为当时所使用的英国魏渥斯步枪（Whitworth rifle）装上1具3倍瞄准镜，使步枪的射击精度得到了很大的提高，据说当时还创下了在800码（约732米）远距离上的狙杀纪录。相较而言，南北战争时使用的这种狙击步枪更接近于现代狙击步枪的结构特点，因此也可以把这种步枪当成世界上第一种狙击步枪。在美国内战之后，一些国家开始效仿这种改装方式，将改装后的步枪用作狙击用途。

尽管各国陆军纷纷开始承认狙击步枪的价值，但是狙击步枪在战场上并没有发挥太大作用，因为当时的战争形式是以面对面的人海战为主，而狙击步枪是需要以瞄准时间来换取射击精度的，并且当时的士兵也没有意识到狙击步枪对敌方主要人员和物资的杀伤和破坏能力，所以狙击步枪的作用并未被发觉。当时，只有英国正式将狙击步枪编制到部队，因为英国士兵在布尔战争中饱受精通射术的布尔人的打击。

狙击步枪的转折点出现在第一次世界大战（以下简称一战）陷入壕沟战的僵局以后。此时士兵们渐渐发现狙击步枪能够在壕沟战中发挥不错的效果，因此大量狙击步枪被送到前线。在战争期间，德国狙击手曾对协约国军队构成巨大的威胁。协约国士兵对那些幽灵般出没于战壕中的德国狙击手惊恐万分，称他们为"看不见的魔鬼"。

然而，一战结束后各国几乎都忽略了狙击步枪和狙击手的作用。直到第二次世界大战（以下简称二战）时期，狙击步枪才被推上了另外一个高峰。当时苏联军队在苏芬战争中吃尽了精通射击技术的芬兰士兵的苦头，苏联在屡屡受挫的情况下认识到了射击技术和步枪射击精度的重要性，于是开始大量训练具备狙击专长的步兵或特殊任务人员。而此时，沉浸在"闪电战"中的德军根本就不认为有使用狙击手的必要。后来，活跃在东线的苏军狙击手用致命的子弹让德军重新意识到狙击的重要性，只得匆匆大量设立狙击手学校以应付战事。除此之外，英国、美国和日本等国也都出现过专门改装的狙击步枪。

在二战中，狙击步枪已经成为部队的常态性装备，基本上每个班都要配属狙击

▲ 芬兰传奇狙击手西蒙·海耶

手1名、狙击步枪1支，而不像以前为了任务性需求而进行编装。二战中的狙击步枪依然保持着古老的手持方式（无脚架），搭配1具2.5倍瞄准镜，但是增加了一般步枪没有的托腮板以减轻步枪发射时的反作用力，枪机的拉柄也因为瞄准镜的位置关系而被重新修正设计以免干扰枪机动作。到了二战末期，交战双方各国的狙击手数量已经有了长足的发展，狙击手的作用也在战争中充分发挥出来。

▲ 二战斯大林格勒战役中的德军狙击手

二战后，随着步兵装甲化，军事力量控制范围和机动能力的较大增强，射手逐渐无法在近距离接近目标或保证袭击行动时的自身安全，普通的狙击步枪也无法对敌人的装甲力量造成威胁。为了解决这一问题，一些超大口径和远射程的新型狙击步枪开始出现，这就是现在的大口径狙击步枪，也叫反器材狙击步枪。

▲ 手持狙击步枪的美国陆军狙击手

可以肯定，狙击步枪在现代化战争中的作用也是非常重要的，至少对于特种部队和特警部队来说有着至关重要的战略意义，而特种部队在现代战争中越来越被广泛应用，特警部队也肩负着反恐的重大职责，因此可以预测，狙击步枪在未来将继续得到长足的发展。

▲ 在森林中行动的苏联陆军狙击手

◆ 狙击步枪的分类

按照工作原理，狙击步枪通常分为半自动和手动两种。在现代军队中，半自动狙击步枪主要作为高精度步枪装备在步兵班建制里，对中等距离内的重要目标进行射击，担负班组支援武器的任务，在战斗中通常配置在前沿阵地内。因此，半自动狙击步枪不仅需要有较高的精度，而且还要追求一定的射速，以提高火力密度，因而采取半自动装填。

手动狙击步枪主要是装备给单独编制的专业狙击手，配置在纵深隐蔽阵地，对中远程重要目标实施打击。专业狙击手的另一项重要任务就是反狙击行动。在狙击手的对决中，基本没有打第二枪的机会，所追求的是极高的射击精度，而不是射速。因此，采取旋转后拉枪机、手动闭锁是减少机件运动、提高射击精度的重要手段。同时，部分发达国家还专门研制了狙击步枪专用弹药来提高射击精度。

▲ 苏联/俄罗斯 SVD 半自动狙击步枪

按照使用环境与单位，狙击步枪又可分为军用与警用两种。由于作战需求不同，军用狙击步枪与警用狙击步枪在设计时的侧重点也不同。由于执法单位常常处理暴徒与人质交错的劫持事件，经常在街道与建筑物中与暴徒交火，战斗距离一般比军队狙击手短，因此警用狙击步枪在射程上的要求没有军用狙击步枪那么严格。虽然军用狙击步枪与警用狙击步枪都要求高精度，但由于人质解救任务的特殊性，因此执法单位对狙击步枪精度的要求非常严格。

▲ 美国雷明顿 M2010 手动狙击步枪

一般来说，军用狙击步枪通常要求结构耐用、可靠、坚固、容许粗暴操作、零件可交互使用，在精密程度上不如警用狙击步枪。另外，由于军队狙击手执行特定任务时必须枪不离人、人不离枪，军用狙击步枪的重量是狙击手能否完成任务的重要因素，因此军用狙击步枪往往会考虑便携性，而执法单位不需要长途奔袭，使用脚架的机会也比军人更多。

▲ 德国联邦警察第九国境守备队所属的狙击手

◆ 狙击步枪的构造

狙击步枪的结构与普通步枪基本一致，区别在于：狙击步枪通常装有精确瞄准用的瞄准镜；狙击步枪的枪管经过特别加工，精度非常高；使用狙击步枪射击时多以半自动方式或手动单发射击。

★ 枪管

枪管堪称狙击步枪的灵魂，毕竟狙击步枪以精准为诉求，所以狙击步枪专用枪管在制造与加工上所需的精细度要高于一般枪械的枪管，在质量与重量上也比传统枪管的要求更严格，以避免从第一发弹药发射后的弹着点发生太大的改变。值得一提的是，狙击步枪专用枪管的枪膛不像突击步枪的枪膛一样有电镀铬防锈蚀的程序，这也是为了减少对弹着点的影响。

狙击步枪的枪管通常采用"浮置式"设计，即枪管不与护木等其他部分接触，直接与机匣连接。这种设计的优点在于枪管可以保持不受护木、脚架、枪背带，甚至是狙击手的手造成的干扰。有的狙击步枪专用枪管的外端与一般枪管一样会加装防火帽，不仅可以抑制发射时的火光，还可以用来配重，以避免枪管遭到撞击时影响射击精确度。有的狙击步枪专用枪管还会加上肋条保持张力，以避免枪管受到高温影响（包括地面的辐射温度与枪管发射温度的交互影响）而下垂。

狙击步枪专用枪管给人的第一印象就是它的长度。一般来说，枪管的长度越长，子弹的初速就越高，威力也越大。军用狙击步枪的枪管长度多为 600 毫米左右，其优点在于这样的长度可使弹药燃烧的效果更好（以至于枪口没有必要特别加装防火帽抑制火光，使狙击手受到更好的保护），并且精准度与子弹初速也能达到良好的结合。为了操作便捷，警用狙击步枪的枪管通常比军用狙击步枪的枪管更短，其威力较军用狙击步枪小，初速也低，但是由于警方与歹徒交火的距离较短，在短距离上往往警用狙击步枪的威力还大过预期标准。

▲ M82 狙击步枪的重型枪管

★ 枪托与托腮板

枪托上的托腮板是狙击步枪外形上的主要特征之一。大多数狙击步枪的托腮板都是可以调整上下间距的。由于每个狙击手脸部大小不同，加上瞄准镜又比照门的位置高，没有托腮板的协助，狙击手的瞄准线与弹道的交会点就会出现极大的落差，脸颊不丰腴或短小的狙击手在没有托腮板的协助下极有可能将弹着落在目标的前方。

▲ 脸贴枪托进行射击训练的美国陆军狙击手

每个狙击手的生理特征都不同,除了脸型外,肱骨的长度也存在差异,因此有些狙击步枪的枪托除了托腮板高低可调之外,枪托长短等也可调,通常可调整的组件设置在枪托底板上。

★ 脚架

狙击步枪往往还会搭配两脚架(也有三脚架)帮助稳定射击,不过使用脚架容易暴露狙击手位置。狙击手在野外行动时,脚架可以拆下来单独携带,或者直接安装在狙击步枪上。直接安装的脚架往往会造成枪支与藤蔓的缠绕或者接触到灌木丛发出噪音或产生振动,导致狙击手行踪与位置的暴露。因此,军用狙击步枪使用脚架时,狙击手必须注意观察现场地物的特征。

▲ 使用两脚架帮助稳定射击的美国陆军狙击手

★ 瞄准镜

瞄准镜是提高狙击步枪精准度的主要途径,也称光学瞄准装置。瞄准镜的确切起源已经无法考证,据说至少在16世纪的欧洲,就已经有人尝试在枪托上固定眼镜镜片。不过,真正具有实用价值的瞄准镜在1904年才问世,由德国人卡尔·蔡司研制,并在一战中使用。在二战中,瞄准镜开始发展成熟。

发展至今,瞄准镜主要分为三类:望远式瞄准镜、准直式瞄准镜、反射式瞄准镜。其中以望远式瞄准镜和反射式瞄准镜最为流行。这两类瞄准镜主要在白天使用,因此又被统称为白光瞄准镜,另外还有供夜间瞄准用的夜视瞄准镜,是在上述两类瞄准镜上加上夜视装置,而按夜视装置的种类,又可分为微光瞄准镜、红外瞄准镜(又可细分为主动红外和热成像两类)。

在上述瞄准镜中,最常用在狙击步枪上的是望远式瞄准镜。因为望远式瞄准镜具有放大作用,能看清和识别远处的目标,适用于远距离精确射击。望远式瞄准镜的光学系统仍然是沿用加上转像系统的开普勒式望远系统。基本结构是物镜、倒像透镜(转像镜)和目镜,再加上分划板组成。分划板上有瞄准标记,通过移动分划板或使用不同位置的分划来瞄准不同距离的目标。有些瞄准镜还有可变倍率功能,用较低的倍率搜索和瞄准近距离的目标,用较高的倍率射击远距离的目标。适用于狙击行动的可变倍率瞄准镜的最小倍率应为3倍,最大倍率应为12倍。

趣味小知识

望远式瞄准镜分为固定倍率瞄准镜和可变倍率瞄准镜两类,如4×28毫米指的是物镜直径28毫米、固定放大倍率4倍的瞄准镜,而(3~9)×40毫米则是指物镜直径40毫米、可调整放大倍率从3倍到9倍的瞄准镜。

▲ 美国海军陆战队狙击手使用的望远式瞄准镜

第2章

美国狙击步枪入门

美国是目前世界上军费支出最高的国家，军事科技尤为发达，不仅在军用飞机、军用舰艇、火炮和导弹等重型武器方面独领风骚，在轻武器方面也颇有建树。美国设计制造的狙击步枪不仅种类繁多，而且性能优异，不乏蜚声世界的经典之作。本章主要介绍二战以来美国设计、制造的经典狙击步枪，每种步枪都简明扼要地介绍了其制造背景和作战性能，并有准确的参数表格。

美国M1903A4狙击步枪

小 档 案	
口　　径：	7.62毫米
全　　长：	1098毫米
枪管长：	610毫米
重　　量：	3.95千克
弹容量：	5发

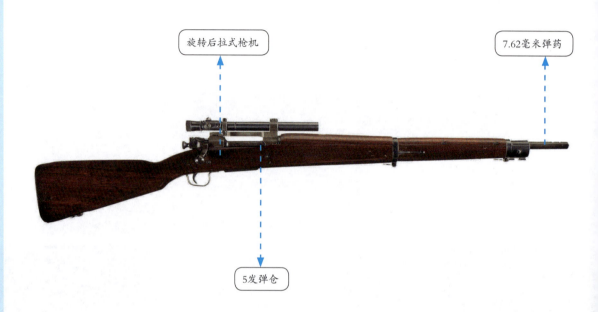

旋转后拉式枪机

7.62毫米弹药

5发弹仓

M1903A4狙击步枪是在M1903A3春田步枪的基础上改进而来的手动狙击步枪，是美国陆军在二战中的制式武器。从1943年6月到1944年2月停止生产为止，雷明顿公司共生产了约28000支M1903A4狙击步枪。该枪配用的两种瞄准镜体积小、质量轻，作战中不容易碰撞或被挂住，可靠性良好。

▲ 博物馆中的 M1903A4 狙击步枪

第 2 章 美国狙击步枪入门

美国M24狙击步枪

小 档 案	
口 径：	7.62毫米
全 长：	1092毫米
枪管长：	610毫米
重 量：	5.4千克
弹容量：	5发

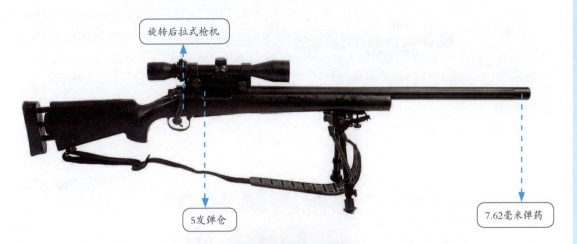

旋转后拉式枪机

5发弹仓

7.62毫米弹药

M24狙击步枪是雷明顿700步枪的衍生型之一，1988年被美国陆军选为制式狙击步枪。为了耐受沙漠恶劣的气候，M24狙击步枪特别采用碳纤维与玻璃纤维等材料合成的枪身和枪托，可在-45～+65摄氏度气温变化中正常使用。该枪的精度较高，有效射程可达1000米，但每打出一颗子弹都要拉动枪栓一次。为了确保射击精度，M24狙击步枪设有瞄准具、夜视镜、聚光镜、激光测距仪和气压计等配件，远程狙击命中率较高，但是操作较为烦琐。

▲ 美军狙击手在沙漠环境使用M24狙击步枪

▲ 使用M24狙击步枪的美军狙击手

美国M40狙击步枪

小 档 案	
口　径：	7.62毫米
全　长：	1117毫米
枪管长：	610毫米
重　量：	6.57千克
弹容量：	5发

M40狙击步枪是雷明顿700步枪的衍生型之一，1966年被美国海军陆战队选为制式狙击步枪。M40狙击步枪装有雷德菲尔德（Redfield）3～9倍瞄准镜，但瞄准镜及木制枪托在越南战场的炎热潮湿环境下，容易出现受潮膨胀等严重问题，以致无法使用。

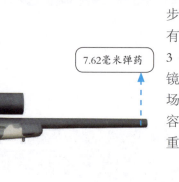

美国M40A1狙击步枪

M40A1狙击步枪是M40系列狙击步枪的主要改进型之一，1977年开始批量生产。与M40狙击步枪相比，M40A1狙击步枪换装了温彻斯特M70钢制扳机护圈及弹匣底板，并改用较重、表面经乌黑氧化涂层处理的阿特金森不锈钢枪管，枪托换为麦克米兰玻璃纤维枪托。1980年，M40A1狙击步枪又进行了重大改进，改用Unertl 10倍瞄准镜。

小 档 案	
口　径：	7.62毫米
全　长：	1117毫米
枪管长：	610毫米
重　量：	6.57千克
弹容量：	5发

美国M40A3狙击步枪

小 档 案	
口　径：	7.62毫米
全　长：	1124毫米
枪管长：	610毫米
重　量：	7.5千克
弹容量：	5发

M40A3狙击步枪是M40系列狙击步枪的主要改进型之一，2001年开始批量生产。该枪仍然采用雷明顿700步枪的枪机座，枪管采用施耐德610比赛级重枪管，枪托改用麦克米兰A-4玻璃纤维战术枪托。夜间使用时可改用施密特－本德（3～12）×50毫米发光瞄准镜，代替原本的MST-100 Unertl日间瞄准镜。在美国，M40A3狙击步枪被视为现代狙击步枪的先驱。它被称为冷战"绿色枪王"，在越南战争和其他局部战争中频频露脸。

美国M40A5狙击步枪

小档案

口　径：	7.62毫米
全　长：	1124毫米
枪管长：	610毫米
重　量：	6.57千克
弹容量：	5发

旋转后拉式枪机

5发弹匣

7.62毫米弹药

M40A5狙击步枪是M40系列狙击步枪的主要改进型之一，2009年开始批量生产。M40A5狙击步枪增设了枪口消焰器，并可装设消音器。护手前方增设U形导轨，可直接在日间瞄准镜前加装夜视镜。此外，原本的固定式弹仓被改为5发可拆式弹匣。

▲ 美军狙击手在高山积雪地区使用M40A5狙击步枪

▲ 美国海军陆战队狙击手在山区使用M40A5狙击步枪

美国M2010狙击步枪

小 档 案

口　径：	7.62毫米
全　长：	1181毫米
枪管长：	559毫米
重　量：	26.68千克
弹容量：	5发

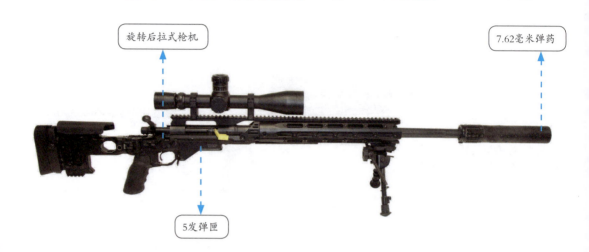

旋转后拉式枪机

7.62毫米弹药

5发弹匣

　　M2010狙击步枪是雷明顿公司设计制造的手动狙击步枪，由M24狙击步枪改进而来。2011年1月，美国陆军开始向2500名狙击手配发M2010狙击步枪。同年3月，美国陆军狙击手开始在阿富汗的作战行动中使用M2010狙击枪。M2010狙击步枪的有效射程为1200米，特别设计的枪托和自由浮置式枪管提供了更高的射击精度。

▲ 使用M2010狙击步枪的美国陆军狙击小组

▲ 手持M2010狙击步枪的美军狙击手

美国SR8狙击步枪

小档案
- 口径：8.58毫米
- 全长：1193.8毫米
- 枪管长：685.8毫米
- 重量：7.14千克
- 弹容量：5发

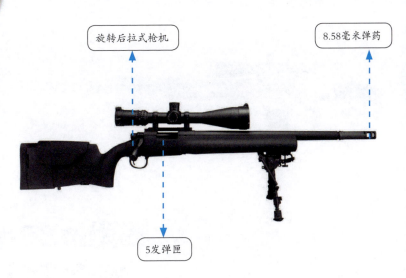

旋转后拉式枪机　　8.58毫米弹药　　5发弹匣

SR8狙击步枪是雷明顿公司应意大利军队的要求，以雷明顿700步枪为基础设计的手动狙击步枪，扳机和枪托均取自M24狙击步枪。枪管内膛有与M24狙击步枪相同的5条右旋膛线，但为了发射8.58毫米弹药，膛线缠距被改为292.1毫米。

美国R11 RSASS狙击步枪

小档案
- 口径：7.62毫米
- 全长：1000毫米
- 枪管长：510毫米
- 重量：7.14千克
- 弹容量：20发

转栓式枪机　　7.62毫米弹药　　20发弹匣

R11 RSASS（Remington Semi-Automatic Sniper System，雷明顿半自动狙击手系统）是雷明顿公司设计制造、并于2009年开始生产的半自动狙击步枪，发射7.62×51毫米北约标准步枪弹。为了达到最大精度，R11 RSASS的枪管以416型不锈钢制造，并且经过低温处理。枪口装有先进武器装备公司（AAC）的制动器，可减轻后坐力并减小射击时枪口的上扬幅度，还能够加装AAC公司的消音器。R11 RSASS没有内置机械瞄具，但是配备了一条MIL-STD-1913战术导轨。

美国MSR狙击步枪

小 档 案	
口　径：	7.62/8.58毫米
全　长：	1200毫米
枪管长：	685.8毫米
重　量：	7.7千克
弹容量：	10发

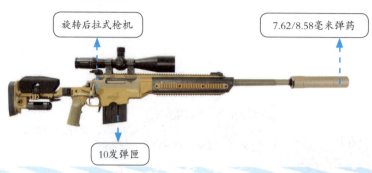

MSR（Modular Sniper Rifle）狙击步枪是雷明顿公司设计制造并于2009年推出的手动狙击步枪，可使用多种口径的弹药。该枪的比赛级枪管的外表面有纵向凹槽，既可减轻重量，也可增加刚性，而且提高了散热效率。自由浮置式枪管除了与机匣连接外，与整个前托都不接触。枪管长度有4种，分别为508毫米、558.8毫米、609.6毫米、685.8毫米。

美国M82A1狙击步枪

M82A1狙击步枪是M82系列重型特殊用途狙击步枪（Special Application Scoped Rifle，SASR）的主要型号之一，由美国巴雷特公司设计制造。该枪具有超过1500米的有效射程，搭配高能弹药，可以有效摧毁雷达站、卡车、停放的战斗机等目标，因此能够胜任反器材攻击和爆炸物处理等任务。由于M82A1狙击步枪可以打穿许多墙壁，因此也被用来攻击躲在掩体后的人员，不过这并不是主要用途。

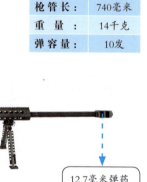

小 档 案	
口　径：	12.7毫米
全　长：	1400毫米
枪管长：	740毫米
重　量：	14千克
弹容量：	10发

美国M82A2狙击步枪

小 档 案	
口　径：	12.7毫米
全　长：	1409毫米
枪管长：	737毫米
重　量：	14.7千克
弹容量：	10发

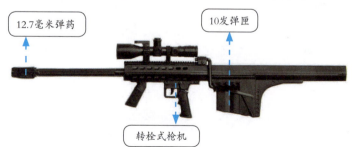

M82A2狙击步枪是M82A1狙击步枪的无托结构型，减轻后坐力的设计使其可以手持抵肩射击而不必使用两脚架，解决了普通狙击步枪因只能用俯卧式姿势射击而无法对付直升机等目标的缺点。该枪通常会配用光点瞄准镜，护木前部有小握把。M82A2狙击步枪没能成功打入市场，很快就停止生产。

美国M82A3狙击步枪

小档案

口　径：	12.7毫米
全　长：	1400毫米
枪管长：	740毫米
重　量：	14千克
弹容量：	10发

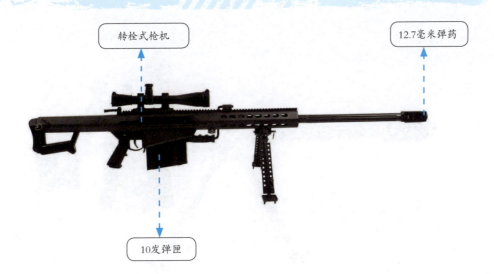

转栓式枪机　　12.7毫米弹药　　10发弹匣

M82A3狙击步枪是M82系列重型特殊用途狙击步枪的主要型号之一，原本被称为M82A1M。与M82A1狙击步枪不同，M82A3狙击步枪的战术导轨被大幅加长，高度也有所增加，这是为了配合美国海军陆战队惯用的Uneul瞄准镜的镜架高度。其他改进还包括枪身轻量化、改用可拆式两脚架及改良的双室枪口制动器。

▲ 使用M82A3狙击步枪的美国陆军狙击手

▲ 手持M82A3狙击步枪的狙击手

美国M107狙击步枪

小档案

口　径	：	12.7毫米
全　长	：	1448毫米
枪管长	：	737毫米
重　量	：	12.9千克
弹容量	：	10发

M107狙击步枪是巴雷特公司在美国海军陆战队使用的M82A3狙击步枪的基础上发展而来，曾被美国陆军物资司令部评为"2004年美国陆军十大最伟大科技发明"之一，现已被美国陆军全面列装。M107狙击步枪使美国陆军狙击手能够在1500～2000米的距离外精确射击有生力量和技术装备目标。该枪主要用于远距离有效攻击和摧毁技术装备目标，包括停放的飞机、情报站、雷达站、弹药库等。

▲ 美军狙击手在丛林中使用M107狙击步枪

▲ 使用M107狙击步枪进行射击训练的美军狙击手

美国M95狙击步枪

小档案

口径：	12.7毫米
全长：	1143毫米
枪管长：	737毫米
重量：	10.7千克
弹容量：	5发

M95狙击步枪是巴雷特公司研制的重型无托狙击步枪（反器材步枪），1999年曾参加美军新一代制式狙击步枪的选型测试，最终不敌M82狙击步枪。M95狙击步枪在操作上要比M82狙击步枪更为简单，在美国可以购买其民用型。据称，M95狙击步枪的精度极高，能够保证在900米的距离上3发枪弹的散布半径不超过2.5厘米。

美国M98B狙击步枪

M98B狙击步枪是巴雷特公司设计制造的手动狙击步枪，2008年10月正式公布，2009年初开始销售。M98B狙击步枪是一款威力适中的远距离狙击步枪，威力介于7.62毫米和12.7毫米这两种主流口径狙击步枪之间。该枪精度较高，在500米距离的弹着点散布直径是6厘米，在1600米距离可以无修正命中人体目标。M98B狙击步枪不但是有效的反人员狙击步枪，也可以在一定程度上作为反器材步枪使用。

小档案

口径：	8.58毫米
全长：	1264毫米
枪管长：	690毫米
重量：	6.1千克
弹容量：	10发

美国M99狙击步枪

小档案

口径：	10.57/12.7毫米
全长：	1280毫米
枪管长：	813毫米
重量：	11.8千克
弹容量：	1发

M99狙击步枪是巴雷特公司于1999年推出的无托狙击步枪，别名BIG SHOT，取英文"威力巨大，一枪毙命"之意。该枪有两种口径，分别是0.50英寸BMG（12.7毫米）和0.416英寸Barrett（10.57毫米）。在美国一些禁止民间拥有12.7毫米步枪的州，只会发售10.57毫米口径版本。由于M99狙击步枪的弹仓只能放一发子弹，而且不设弹匣，在军事用途上缺乏竞争力，所以主要是向民用市场及执法部门发售。

美国XM109狙击步枪

小 档 案	
口　径：	25毫米
全　长：	1168毫米
枪管长：	447毫米
重　量：	20.9千克
弹容量：	5发

转栓式枪机

5发弹匣

25毫米弹药

　　XM109狙击步枪是巴雷特公司设计制造的大口径狙击步枪，其威力惊人，具有攻击轻型装甲目标的能力。XM109狙击步枪的最大攻击距离可以达到2000米，其使用的25毫米口径弹药（由AH-64"阿帕奇"武装直升机上M789机炮使用的30毫米高爆子弹改进而来）至少能够穿透50毫米厚的装甲钢板，可以轻松地摧毁包括轻装甲车辆和停止的飞机在内的各种敌方轻型装甲目标。据称，这种25毫米口径弹药的穿透力是12.7毫米口径穿甲弹的2.5倍以上。

趣味小知识

　　AH-64"阿帕奇"武装直升机是美国陆军现役主力武装直升机，其性能卓越，实战表现优异。自诞生之日起，一直是世界武装直升机中的佼佼者。

▲ XM109狙击步枪接受军方测试

第 2 章 美国狙击步枪入门

美国XM500狙击步枪

小 档 案	
口　　径：	12.7毫米
全　　长：	1168毫米
枪 管 长：	447毫米
重　　量：	11.8千克
弹 容 量：	10发

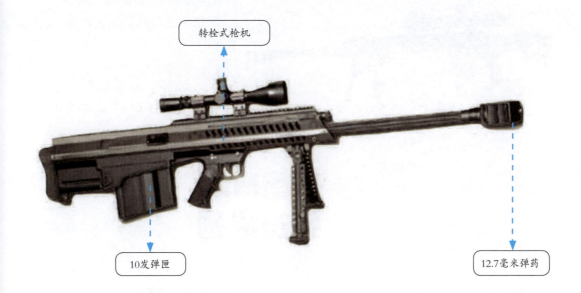

转栓式枪机

10发弹匣

12.7毫米弹药

　　XM500狙击步枪是巴雷特公司设计制造的气动式操作、半自动射击的重型无托狙击步枪（反器材步枪），发射12.7×99毫米北约标准步枪弹，2006年开始生产。XM500狙击步枪装有一根固定的枪管，而不是M82狙击步枪的后坐式枪管，因此具有更高的精度。该枪有一个可折叠及拆下的两脚架，安装在护木下方。由于没有机械瞄具，XM500狙击步枪必须利用机匣顶部的MIL-STD-1913战术导轨安装瞄准镜、夜视镜及其他战术配件。

趣味小知识

　　美军实行的MIL-STD-1913军用标准对轻武器战术导轨的结构、特点、外形等方面都做出了详细的规定，并将其推广到北约组织内部，成为北约战术导轨的军用标准。

▲ 展览中的XM500狙击步枪

美国MRAD狙击步枪

小档案	
口　径：	8.58毫米
全　长：	1258毫米
枪管长：	685.8毫米
重　量：	6.94千克
弹容量：	10发

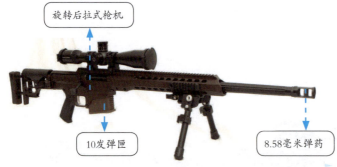

MRAD（Multi-Role Adaptive Design，适应多任务设计）狙击步枪是巴雷特公司以M98B狙击步枪为蓝本，按照美国特种作战司令部制定的规格改进而来的手动狙击步枪，于2010年底推出。MRAD狙击步枪的外形和M98B狙击步枪基本相同，主要区别在于取消了原来的固定枪托，换为可折叠的塑料枪托。MRAD狙击步枪装有一根自由浮置式枪管，枪管长度有三种，分别为685.8毫米、622.3毫米和508毫米。

美国M21狙击步枪

M21狙击步枪是在M14自动步枪的基础上改进而成的半自动狙击步枪，1975年被美军选为制式武器。M14自动步枪本身是一支相当不错的步枪，因此M21狙击步枪推出后便深受部队的欢迎。该枪的消焰器可外接消音器，不仅不会影响弹丸的初速，还能把泄出气体的速度降至音速以下，使射手位置不易暴露，这在战争中是一项非常重要的优点。

小档案	
口　径：	7.62毫米
全　长：	1118毫米
枪管长：	560毫米
重　量：	5.27千克
弹容量：	20发

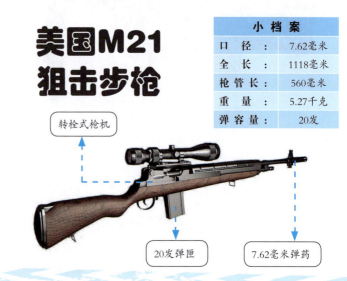

美国M25狙击步枪

小档案	
口　径：	7.62毫米
全　长：	1125毫米
枪管长：	639毫米
重　量：	4.9千克
弹容量：	20发

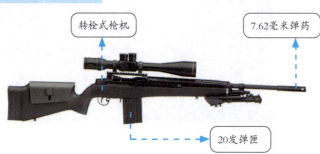

M25狙击步枪最初是由美国陆军第10特种大队的汤姆·柯柏上士设想的一种M21狙击步枪的改进型，由美国陆军和海军联合研制。1991年，美军把这种改进后的狙击步枪正式命名为M25狙击步枪，主要供美国陆军特种部队和海军"海豹"突击队使用。美国特种作战司令部将M25列为轻型狙击步枪，作为M24狙击步枪的辅助武器。

美国TAC-50狙击步枪

小 档 案

口　径：	12.7毫米
全　长：	1448毫米
枪管长：	737毫米
重　量：	11.8千克
弹容量：	5发

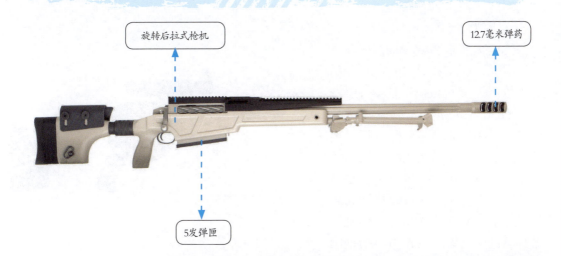

- 旋转后拉式枪机
- 12.7毫米弹药
- 5发弹匣

TAC-50狙击步枪是美国麦克米兰公司在1980年推出的反器材步枪。2000年，加拿大军队将TAC-50狙击步枪选为制式武器，并重新命名为"C15长程狙击武器"。TAC-50狙击步枪使用12.7×99毫米北约标准步枪弹，破坏力惊人，可用来对付装甲车辆和直升机。2002年，加拿大军队的罗布·福尔隆下士在阿富汗某山谷上，以TAC-50狙击步枪在2430米距离击中一名塔利班武装分子，创出当时最远狙击距离的世界纪录。

▲ 加拿大狙击手使用TAC-50狙击步枪进行射击训练

▲ 使用TAC-50狙击步枪的加拿大狙击手

美国CS5狙击步枪

小档案
- 口　径：7.62毫米
- 全　长：1016毫米
- 枪管长：469.9毫米
- 重　量：6.01千克
- 弹容量：20发

CS5狙击步枪是麦克米兰公司于2012年推出的紧凑型手动狙击步枪，发射0.308英寸温彻斯特（7.62×51毫米）步枪弹。该枪具有粗壮型和标准型两种配置可供选择，前者可满足特警或反恐狙击手近距离作战使用，后者适用于狙击距离一般在500米左右的特种部队和军事承包商等特殊用户。该枪的比赛级自由浮置式枪管由不锈钢制成，枪口可以安装制动器，需要时还可以安装消音器。

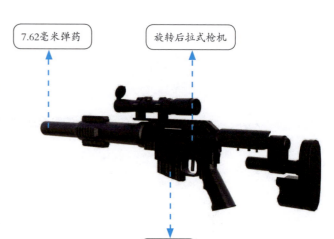

7.62毫米弹药　　旋转后拉式枪机　　20发弹匣

美国"风行者"M96狙击步枪

小档案
- 口　径：12.7毫米
- 全　长：1270毫米
- 枪管长：762毫米
- 重　量：15.42千克
- 弹容量：5发

"风行者"M96（Windrunner M96）狙击步枪是美国EDM武器公司设计制造的手动狙击步枪（反器材步枪），发射12.7×99毫米北约标准步枪弹。尽管"风行者"M96狙击步枪外形简陋，但EDM武器公司的官方资料宣称其精度很高。该枪被设计成能够在1分钟之内不利用任何工具就能分解成5个或2个部分，从而缩短整体长度，以便携带和储存。分解后的"风行者"M96狙击步枪全长不超过813毫米，并可以在战场上快速组装，而且精度不变。

12.7毫米弹药　　旋转后拉式枪机　　5发弹匣

第 2 章 美国狙击步枪入门

美国哈里斯M96狙击步枪

小 档 案
- 口　径：12.7毫米
- 全　长：1450毫米
- 枪管长：740毫米
- 重　量：11.35千克
- 弹容量：5发

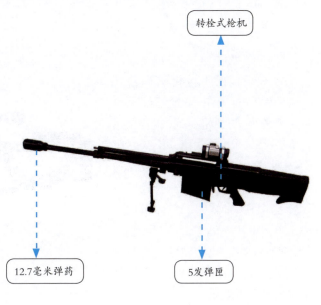

- 转栓式枪机
- 12.7毫米弹药
- 5发弹匣

哈里斯 M96 狙击步枪是美国哈里斯公司设计制造的半自动狙击步枪（反器材步枪），发射 12.7×99 毫米北约标准步枪弹。该枪采用导气活塞式自动原理，只能半自动射击，枪体部件主要由钢和阳极化铝（在铝及铝合金表面镀一层致密氧化铝）制成，外露金属部件均有黑色聚四氟乙烯涂层。枪管为重型自由浮置式枪管，枪口装有大型多孔式制动器。机匣顶部有韦弗式导轨，用于安装瞄准镜，桥形导轨座上有后备的机械瞄具。

美国AR-50狙击步枪

小 档 案
- 口　径：12.7毫米
- 全　长：1511毫米
- 枪管长：787.4毫米
- 重　量：16.33千克
- 弹容量：1发

- 旋转后拉式枪机
- 12.7毫米弹药
- 1发弹仓

AR-50 狙击步枪是美国阿玛莱特公司于 20 世纪 90 年代后期设计制造的重型狙击步枪（反器材步枪），发射 12.7×99 毫米北约标准步枪弹。虽然 AR-50 狙击步枪是一支高精度的大口径步枪，但是它只有一发子弹，无法在短时间内攻击多个目标。因此，巴雷特 M82 狙击步枪在 1999 年后逐渐取代了 AR-50 狙击步枪的地位。

美国AR-30狙击步枪

小档案
- 口　径：8.58毫米
- 全　长：1199毫米
- 枪管长：660毫米
- 重　量：5.4千克
- 弹容量：5发

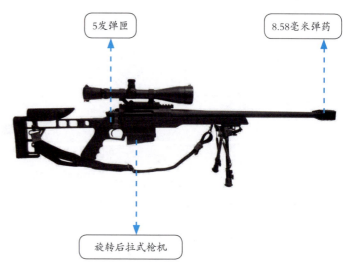

5发弹匣　　8.58毫米弹药　　旋转后拉式枪机

AR-30狙击步枪是阿玛莱特公司在AR-50狙击步枪基础上改进而来的狙击步枪，2003年开始生产并对民间市场发售，不久之后又被执法机构采用。该枪的扳机力小、后坐力小，但制动器有枪口焰现象，并且噪音较大。总体来说，AR-30狙击步枪的综合性能出色，无论是在军事、执法领域，还是在远距离射击比赛和狩猎运动中，都有较好的应用前景。

美国SR-25狙击步枪

小档案
- 口　径：7.62毫米
- 全　长：1118毫米
- 枪管长：610毫米
- 重　量：4.88千克
- 弹容量：20发

转栓式枪机　　7.62毫米弹药　　20发弹匣

SR-25狙击步枪是由美国著名枪械设计师尤金·斯通纳设计、奈特公司制造的半自动狙击步枪，是基于AR-10自动步枪而设计的。为了提高SR-25狙击步枪的射击精度，奈特公司经过多番比较，最终选择了雷明顿公司制造的重型枪管。SR-25狙击步枪的枪管采用浮置式安装，枪管只与上机匣连接，两脚架安在枪管套筒上，枪管套筒不接触枪管。虽然SR-25狙击步枪主打民用市场，但其性能完全达到了军用狙击步枪的要求。

美国M110狙击步枪

小档案

口　径：	7.62毫米
全　长：	1029毫米
枪管长：	508毫米
重　量：	6.91千克
弹容量：	20发

7.62毫米弹药　　转栓式枪机　　20发弹匣

M110狙击步枪是美国奈特公司设计制造的半自动狙击步枪，曾被评为"2007年美国陆军十大发明"之一。2006年底，M110狙击步枪正式成为美军的制式狙击步枪。2007年4月，驻守阿富汗的美国陆军"复仇女神"特遣队成为首个使用M110狙击步枪作战的部队。有的士兵认为，M110狙击步枪的半自动发射系统过于复杂，反不如运动机件更少的M24狙击步枪精度高。

▲ 使用M110狙击步枪的美军狙击手

▲ 手持M110狙击步枪的美军士兵

美国RC-50狙击步枪

小 档 案	
口　径：	12.7毫米
全　长：	914毫米
枪管长：	735毫米
重　量：	11千克
弹容量：	5发

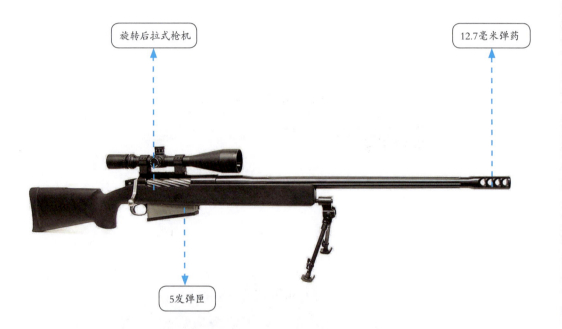

旋转后拉式枪机　　12.7毫米弹药　　5发弹匣

　　RC-50狙击步枪是美国罗巴尔公司设计制造的手动狙击步枪（反器材步枪），发射12.7×99毫米步枪弹。该枪有两个版本，分别为标准型及具有可折叠枪托的RC-50F，其枪托由玻璃纤维制成。为了减轻后坐力，RC-50狙击步枪的枪口前方装有一个补偿装置，枪托上有一个塑料缓冲垫。该枪的专用瞄准具为16倍光学瞄准镜，需透过机匣顶部的支架来安装。考虑到不同作战需求，RC-50狙击步枪也能使用其他瞄准镜。

▲ 装有瞄准镜和两脚架的 RC-50 狙击步枪

美国M200狙击步枪

小 档 案	
口　径：	9.53/10.36毫米
全　长：	1346.2毫米
枪管长：	736.6毫米
重　量：	14.06千克
弹容量：	7发

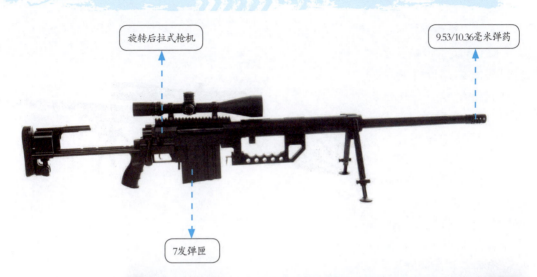

旋转后拉式枪机

9.53/10.36毫米弹药

7发弹匣

　　M200狙击步枪是美国夏伊战术公司设计制造的手动狙击步枪，可以使用10.36毫米和9.53毫米两种口径的弹药，主要用途是阻截远距离的软目标。目前，该枪已被多个国家的特种部队采用，如捷克特殊任务小组、波兰"雷鸣"特种部队等。M200狙击步枪没有配备机械瞄具，必须利用机匣顶部的MIL-STD-1913战术导轨安装光学瞄准镜或夜视镜，而其他战术配件可安装在枪身前端的战术导轨上。

▲ 使用M200狙击步枪的狙击手

▲ 装有两脚架的M200狙击步枪

美国M310狙击步枪

小档案
- 口　径：9.53/10.36毫米
- 全　长：1429毫米
- 枪管长：787毫米
- 重　量：7.5千克
- 弹容量：7发

M310狙击步枪是美国夏伊战术公司设计制造的手动狙击步枪，有9.53毫米和10.36毫米两种口径。每种口径又根据枪托、护手的材料不同分为两种款式，分别采用工程塑料及铝合金材料。铝合金枪托可以折叠，前托上有一段皮卡汀尼导轨，可在瞄准镜前串列安装夜视设备。

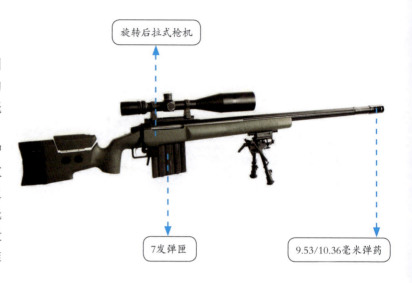

旋转后拉式枪机

7发弹匣

9.53/10.36毫米弹药

美国Tango 51狙击步枪

小档案
- 口　径：7.62毫米
- 全　长：1125.2毫米
- 枪管长：609.6毫米
- 重　量：4.9千克
- 弹容量：5发

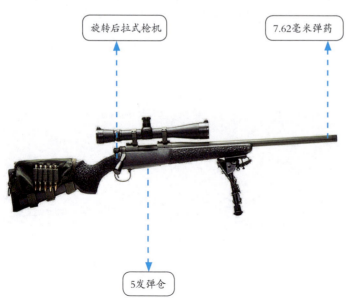

旋转后拉式枪机

7.62毫米弹药

5发弹仓

Tango 51狙击步枪是美国战术行动公司以雷明顿700步枪的枪机为蓝本生产的手动狙击步枪，发射7.62×51毫米北约标准步枪弹。该枪采用的枪管是战术行动公司自制的比赛级自由浮置式枪管，有3种长度可供选择。Tango 51狙击步枪的设计符合人体工程学，对射手而言较为舒适。机匣顶部有两条小型MIL-STD-1913战术导轨，可以安装昼/夜光学瞄准镜或者夜视仪。

美国M8400狙击步枪

小档案
口径：	5.56/7.62毫米
全 长：	1181.1毫米
枪管长：	660.4毫米
重 量：	4.34千克
弹容量：	5发

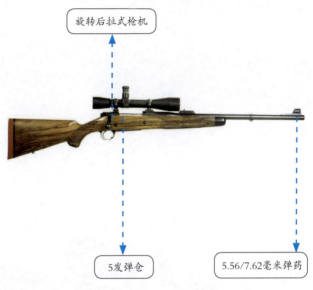

旋转后拉式枪机

5发弹仓

5.56/7.62毫米弹药

M8400狙击步枪是美国金柏公司设计制造的手动狙击步枪，可发射0.223英寸雷明顿（5.56×45毫米）、0.308英寸温彻斯特（7.62×51毫米）和0.300英寸温彻斯特－马格南（7.62×67毫米）步枪弹。该枪有巡逻型、战术型、警用战术型、先进战术型、巡逻战术型等多种型号，各个型号均采用固定弹仓供弹。M8400狙击步枪的钢制机匣是以数控机床加工而成，虽然本身的精度已经很高，但为了保证更高的加工精度，由机器加工以后，机匣表面还会经过人工打磨。

美国SRS狙击步枪

小档案
口径：	8.58毫米（最大）
全 长：	1008毫米
枪管长：	660毫米
重 量：	5.56千克
弹容量：	5发

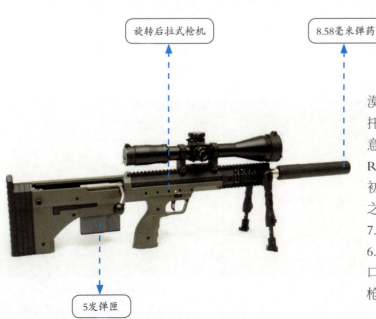

旋转后拉式枪机

8.58毫米弹药

5发弹匣

SRS狙击步枪是美国沙漠战术武器公司设计制造的无托结构手动狙击步枪，其名称意为"隐形侦察兵"（Stealth Recon Scout，SRS）。该枪最初发射8.58×70毫米步枪弹，之后陆续增加了6.2×52毫米、7.62×51毫米、7.62×63毫米、6.5×51毫米和6.5×47毫米等口径。这些口径可以通过更换枪管和枪机的方式进行转换。

美国HTI狙击步枪

小 档 案	
口　径：	12.7毫米
全　长：	1152.4毫米
枪管长：	736.6毫米
重　量：	9.09千克
弹容量：	5发

旋转后拉式枪机

12.7毫米弹药

5发弹匣

　　HTI狙击步枪是美国沙漠战术武器公司设计制造的无托手动狙击步枪（反器材步枪），其名称意为"硬目标拦截"（Hard Target Interdiction）。该枪在2012年SHOT Show上首次公开展示，同年开始批量生产。由于采用了无托结构，HTI狙击步枪的机匣、弹匣和枪机的位置都改为在手枪握把后方的枪托内，因此操作上与大多数传统手动步枪略有不同。该枪的标准枪管上装有一个圆柱形四室式枪口制动器，需要时可换装消音器或者枪口帽。

趣味小知识

　　SHOT Show是由美国射击运动协会创办和赞助的展会，全称为"枪械、狩猎、户外商品总展和交流会"（The Shooting, Hunting, Outdoor Trade Show and Conference），每年1月17日前后举办。1979年，首届SHOT Show在美国密苏里州的圣路易斯城举办。

第 2 章 美国狙击步枪入门

小 档 案	
口 径：	12.7毫米
全 长：	990.6毫米
枪管长：	609.6毫米
重 量：	7.7千克
弹容量：	10发

美国MD50狙击步枪

转栓式枪机　　10发弹匣　　12.7毫米弹药

MD 50 狙击步枪是美国米科尔防务公司设计制造的重型无托半自动狙击步枪（反器材步枪），发射 12.7×99 毫米北约标准步枪弹。该枪采用比赛级的自由浮置式枪管，枪口有大型多室式制动器。机匣顶部设有 MIL-STD-1913 战术导轨，可以安装光学瞄准镜、夜视仪或后备机械瞄具。

BA50 狙击步枪是美国大毒蛇武器公司设计制造的重型手动狙击步枪（反器材步枪），发射 12.7×99 毫米北约标准步枪弹。该枪采用一根比赛级自由浮置式枪管，枪口装有大型多室式制动器，以协助减轻后坐力。机匣及护木顶部设有 MIL-STD-1913 战术导轨，用以安装昼/夜望远式瞄准镜、夜视仪或者后备机械瞄具。

美国BA50狙击步枪

旋转后拉式枪机　　10发弹匣　　12.7毫米弹药

小 档 案	
口 径：	12.7毫米
全 长：	1473.2毫米
枪管长：	762毫米
重 量：	13.61千克
弹容量：	10发

小 档 案	
口 径：	8.58毫米
全 长：	1219.2毫米
枪管长：	660.4毫米
重 量：	5.9千克
弹容量：	10发

美国"噩耗"狙击步枪

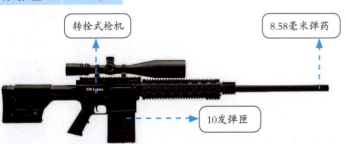

转栓式枪机　　10发弹匣　　8.58毫米弹药

"噩耗"（Bad news）狙击步枪是美国诺琳武器公司设计制造的半自动狙击步枪，发射 0.338 英寸拉普－马格南（8.58×70 毫米）步枪弹。该枪的外观与 M16 突击步枪非常相似，但自动方式却改为近年流行的活塞气动自动方式，而非 M16 突击步枪的气吹式导气。"噩耗"狙击步枪的比赛级自由浮置式枪管采用冷锻法加工而成，枪口有连接螺纹，可安装制动器或消音器。

美国布朗精密战术步枪

小档案
- 口径：7.62毫米
- 全长：1117毫米
- 枪管长：558.8毫米
- 重量：5.27千克
- 弹容量：4发

布朗精密战术步枪（Brown Precision Tactical Elite）是雷明顿700步枪的衍生型之一，可作为狙击武器使用。该枪于1969年装备美军部队，越南战争后期成为美国陆军、海军和海军陆战队的通用狙击步枪。1988年开始逐渐被M24狙击步枪取代，但仍在国民警卫队及其他特种作战部队中使用。布朗精密战术步枪的枪管是严格挑选出来的，经过测量仪器精确测量，保证符合规定的制造公差，枪管没有镀铬。

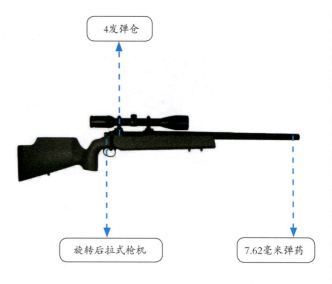

4发弹仓

旋转后拉式枪机

7.62毫米弹药

美国MK 12特种用途步枪

小档案
- 口径：5.56毫米
- 全长：952.5毫米
- 枪管长：457.2毫米
- 重量：4.5千克
- 弹容量：30发

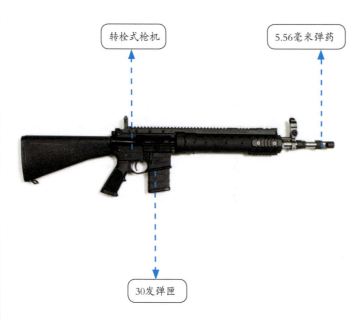

转栓式枪机

5.56毫米弹药

30发弹匣

MK 12步枪是美国研制的一种特种用途步枪（Special Purpose Rifle，SPR），已经被美国陆军、海军和海军陆战队的特种部队在"持久自由行动"和"伊拉克自由行动"中使用，主要用于较近距离内的狙击用途。总体来说，MK 12步枪大量采用了高技术材料，既减轻了重量，又保证了武器的坚固性和可靠性。由于配用专门的狙击弹，因此MK 12步枪的射击精度远高于M16A2突击步枪。MK 12步枪可以连发，一般作为狙击手的支援武器。

美国SAM-R精确射手步枪

小 档 案	
口　径：	5.56毫米
全　长：	1008毫米
枪管长：	508毫米
重　量：	4.5千克
弹容量：	30发

　　SAM-R步枪是美国海军陆战队班一级单位装备的精确射手步枪（Designated Marksman Rifle，DMR），其名称意为"班用高级神枪手步枪"（Squad Advanced Marksman Rifle）。SAM-R步枪普遍由M16A4突击步枪改装而来，所以只能进行单发和三发点射。为了提高精度，SAM-R步枪采用M16A1突击步枪的一道火扳机。枪管是长度为508毫米的比赛级不锈钢枪管，枪口装有消焰器。

趣味小知识

　　精确射手步枪是美军为步兵班中的精确射手配备的作战武器，可为步兵班提供中长距离而精准的火力延伸。精确射手步枪与专业狙击步枪在构造上有一定的相似之处，但用途并不相同。

▲ 美国海军陆战队士兵测试SAM-R精确射手步枪

美国M14 DMR步枪

小档案
- 口　径：7.62毫米
- 全　长：1118毫米
- 枪管长：560毫米
- 重　量：5千克
- 弹容量：20发

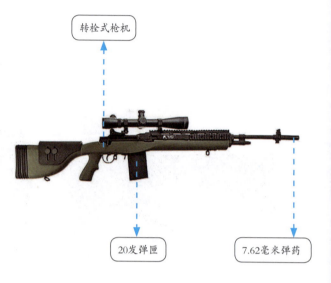

转栓式枪机

20发弹匣　　7.62毫米弹药

M14 DMR（Designated Marksman Rifle，精确射手步枪）是以M14自动步枪为基础改进而来的精确射手步枪，发射7.62×51毫米北约标准步枪弹，主要供美国海军陆战队使用。M14 DMR专门提供给精确射手，它以重量轻、高精度为开发目的，相比发射5.56×45毫米弹药的M16A4突击步枪，发射7.62×51毫米弹药的M14 DMR威力更大。M14 DMR采用比赛级不锈钢枪管，装有手枪式握把，以及托腮板可调节的麦克米兰玻璃纤维战术枪托。

美国M39 EMR步枪

小档案
- 口　径：7.62毫米
- 全　长：1120毫米
- 枪管长：559毫米
- 重　量：7.5千克
- 弹容量：20发

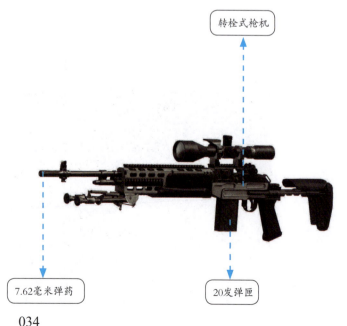

转栓式枪机

7.62毫米弹药　　20发弹匣

M39 EMR（Enhanced Marksman Rifle，增强型精确射手步枪）是美国海军陆战队以M14 DMR为基础改装而来的半自动步枪，目前已逐步取代了M14 DMR。M39 EMR的用途与M14 DMR相同，主要装备美国海军陆战队的精确射手以及没有侦察狙击手的小队作快速精确射击。而根据任务需要，侦察狙击手有时也会装备M39 EMR作为主要武器以提供比手动步枪更快的射击速率。

第3章

苏联/俄罗斯狙击步枪入门

自一战以来，俄国、苏联乃至俄罗斯的轻武器研发制造能力都在世界上占有重要地位。与美国制造的轻武器相比，苏联/俄罗斯制造的轻武器在耐用性和可靠性方面颇具优势，狙击步枪方面亦是如此。本章主要介绍二战以来苏联/俄罗斯设计、制造的经典狙击步枪，每种步枪都简明扼要地介绍了其制造背景和作战性能，并有准确的参数表格。

苏联莫辛-纳甘 M1891/30狙击步枪

小 档 案

口　径：		7.62毫米
全　长：		1306毫米
枪管长：		800毫米
重　量：		4.27千克
弹容量：		1发

- 1发弹仓
- 7.62毫米弹药
- 旋转后拉式枪机

　　莫辛－纳甘M1891/30狙击步枪是在M1891/30手动步枪的基础上改进而成的，是苏联军队在二战时期的主要狙击武器。该枪最初采用PT型4倍率瞄准具，由于缺陷较多，之后又推出了经过改良的VP型瞄准具。1936～1937年，VP型瞄准具又被PE型瞄准具取代。该瞄准具重0.62千克，对提高命中率起了很大的作用。由于瞄准具重叠安装在机匣盖后方，挡住了弹匣插口，狙击步枪不能装入普通的5发弹匣，一次只能装1发子弹，严重降低了战斗效率。

▲ M1891/30狙击步枪及其配件

苏联/俄罗斯 SVD狙击步枪

小档案

口　径：	7.62毫米
全　长：	1225毫米
枪管长：	620毫米
重　量：	4.3千克
弹容量：	10发

转栓式枪机　　7.62毫米弹药　　10发弹匣

　　SVD狙击步枪是苏联枪械设计师德拉贡诺夫设计的半自动狙击步枪，1967年开始装备部队。随着莫辛－纳甘M1891/30狙击步枪的退役，SVD狙击步枪成为苏联军队的主要精确射击装备。不过由于苏军狙击手是随同大部队进行支援作战，而不是以小组进行渗透、侦察、狙击和反器材作战，因此SVD狙击步枪发挥的作用有限，仅仅将班排单位的有效射程提升到800米。即便如此，SVD狙击步枪的可靠性仍然是公认的，在许多局部冲突中都曾出现该枪的身影。

▲ 在战壕中使用SVD狙击步枪的苏联军队狙击手

▲ SVD狙击步枪及其弹匣

苏联/俄罗斯SVDK狙击步枪

小档案
口　径：9.3毫米
全　长：1250毫米
枪管长：620毫米
重　量：6.5千克
弹容量：10发

SVDK狙击步枪是SVD狙击步枪的衍生型之一，它继承了后者的设计精髓，并在细节方面加以改进。SVDK狙击步枪发射7N33型穿甲弹（9.3×64毫米），针对的目标是穿着重型防弹衣或躲藏在掩体后面的敌人。SVDK狙击步枪也可作为一种轻便的反器材步枪使用，其优点是比普通的反器材步枪要轻便得多，缺点是效费比高，因为它的威力远比不上12.7毫米的大口径步枪，射程也比大口径步枪近得多。

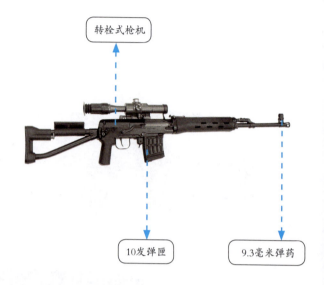

转栓式枪机

10发弹匣　　9.3毫米弹药

苏联/俄罗斯SVDS狙击步枪

小档案
口　径：7.62毫米
全　长：1135毫米
枪管长：565毫米
重　量：4.3千克
弹容量：10发

转栓式枪机

10发弹匣　　7.62毫米弹药

SVDS狙击步枪是SVD狙击步枪的折叠型，适合空降部队和机械化部队使用。枪托由钢管焊接装配而成，可以向右折叠，枪托折叠后的全枪长度为875毫米。与SVD狙击步枪一样，SVDS狙击步枪既可发射专用的狙击弹和曳光穿甲燃烧弹，也可发射常规的7.62×54毫米钢芯弹。

苏联/俄罗斯VSS狙击步枪

小 档 案	
口　径：	9毫米
全　长：	894毫米
枪管长：	200毫米
重　量：	2.6千克
弹容量：	20发

转栓式枪机　　9毫米弹药　　20发弹匣

VSS狙击步枪是苏联设计制造的微声狙击步枪，由AS突击步枪改进而来。VSS狙击步枪自20世纪80年代投入使用，在车臣作战的俄罗斯特种部队经常使用这种武器。VSS狙击步枪与AS突击步枪的结构原理完全一样，两者在外形上的主要区别在于枪托和握把。VSS狙击步枪取消了独立小握把，改为框架式的木制运动型枪托，枪托底部有橡胶底板。

▲ VSS狙击步枪扳机部位特写

▲ VSS狙击步枪枪托部位特写

俄罗斯SVU狙击步枪

小档案
- 口　径：7.62毫米
- 全　长：870毫米
- 枪管长：520毫米
- 重　量：3.6千克
- 弹容量：10/20/30发

SVU狙击步枪是SVD狙击步枪的衍生型，采用无托结构，主要用户为俄罗斯内政部特警队。由于枪身缩短，SVU狙击步枪的照门与准星均改为折叠式，以免干扰PSO-1瞄准镜的操作。为适合在近距离战斗中使用，枪口上装有特制的消声消焰装置。SVU狙击步枪配有可拆卸两脚架，有10发、20发和30发弹匣可供射手选择。该枪的有效射程比SVD狙击步枪更短，由于特警队平均交火距离不超过100米，因此有效射程的缩短并没有太大的影响。

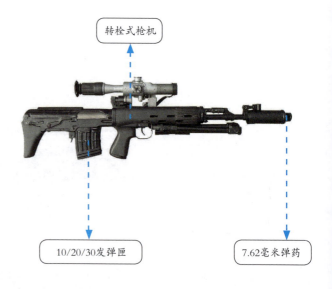

转栓式枪机

10/20/30发弹匣

7.62毫米弹药

俄罗斯SV-98狙击步枪

小档案
- 口　径：7.62毫米
- 全　长：1200毫米
- 枪管长：650毫米
- 重　量：5.8千克
- 弹容量：10发

旋转后拉式枪机

7.62毫米弹药

10发弹匣

SV-98狙击步枪是由俄罗斯枪械设计师弗拉基米尔·斯朗斯尔设计、伊兹玛什兵工厂生产的手动狙击步枪，以高精度著称。SV-98狙击步枪的射击精度远高于发射同种枪弹的SVD狙击步枪，甚至不逊于以高精度闻名的奥地利TPG-1狙击步枪。不过，SV-98狙击步枪的保养比较烦琐，使用寿命较短。

俄罗斯SV-99狙击步枪

小档案
- 口　径：5.6毫米
- 全　长：1030毫米
- 枪管长：350毫米
- 重　量：3.35千克
- 弹容量：10发

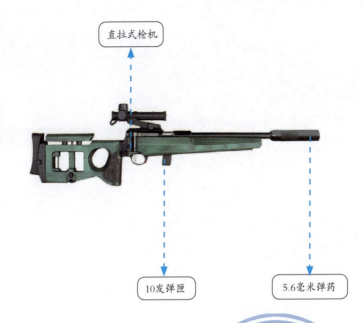

SV-99狙击步枪是由俄罗斯枪械设计师弗拉基米尔·斯朗斯尔设计、伊兹玛什兵工厂生产的手动狙击步枪，发射0.22英寸长步枪弹（5.6×15毫米）。该枪的最大特点就是采用了肘节式闭锁机构的直拉式枪机，开/闭锁是通过一套杠杆装置实现的。SV-99狙击步枪的枪管采用冷锻法制造，有6条右旋膛线，缠距为420毫米，枪膛没有镀铬。

俄罗斯OSV-96狙击步枪

小档案
- 口　径：12.7毫米
- 全　长：1746毫米
- 枪管长：1000毫米
- 重　量：11.7千克
- 弹容量：5发

OSV-96狙击步枪是俄罗斯图拉（KBP）仪器设计局设计制造的重型半自动狙击步枪（反器材步枪），绰号"胡桃夹子"（Cracker）。OSV-96狙击步枪主要发射12.7×108毫米全金属被甲型及穿甲型狙击弹药，以及B-32型、BZT型、BS型等各式穿甲燃烧弹。此外，也可以通用12.7毫米大口径普通机枪弹，但精度会受到影响。OSV-96狙击步枪能够攻击距离1800米外的敌方人员，以及距离超过2500米的战斗物资。

俄罗斯VKS狙击步枪

小档案
- 口　径：12.7毫米
- 全　长：1125毫米
- 枪管长：450毫米
- 重　量：5千克
- 弹容量：5发

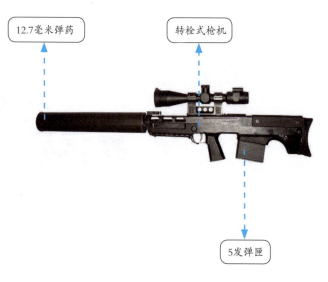

VKS狙击步枪是俄罗斯设计制造的重型无托微声狙击步枪（反器材步枪），发射12.7×54毫米亚音速步枪弹。该枪是应俄罗斯联邦安全局特种部队的要求开发的，2002年完成设计，同年开始批量生产。VKS狙击步枪的主要攻击目标是600米范围内身穿重型防弹衣或是躲藏在汽车和其他坚硬掩体后方的敌人。与手动步枪一样，VKS狙击步枪需要以手动方式完成上膛和退膛动作。

俄罗斯VSK-94狙击步枪

小档案
- 口　径：9毫米
- 全　长：932毫米
- 枪管长：230毫米
- 重　量：2.8千克
- 弹容量：20发

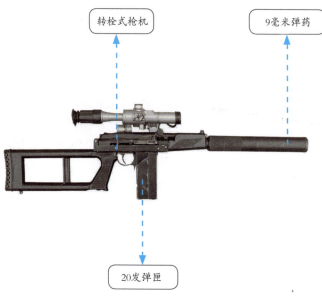

VSK-94狙击步枪是俄罗斯设计制造的轻型微声狙击步枪，其尺寸小巧，非常适合特种部队使用。该枪发射9×39毫米步枪弹，能准确地对400米距离内的目标发动突袭。VSK-94狙击步枪可以安装高效消音器，以便在射击时减小噪音，还能完全消除枪口焰，大大提高射手的隐蔽性和攻击的突然性。VSK-94狙击步枪的消音效果极好，在50米的距离上，它的枪声几乎是听不见的。

第3章 苏联/俄罗斯狙击步枪入门

俄罗斯KSVK狙击步枪

小 档 案	
口　径：	12.7毫米
全　长：	1400毫米
枪管长：	1000毫米
重　量：	12千克
弹容量：	5发

旋转后拉式枪机　　5发弹匣

12.7毫米弹药

　　KSVK狙击步枪是俄罗斯设计制造的重型无托结构狙击步枪（反器材步枪），主要用途是反狙击、贯穿厚的墙壁和轻装甲车辆。KSVK狙击步枪可以通用12.7毫米大口径普通机枪弹，也可以使用专门的高精度狙击弹，以提高在远距离上的射击精度。图拉兵工厂为KSVK狙击步枪特别生产了SPB-12.7型高精度子弹，拥有不错的射击精度。即便不使用高精度狙击弹，KSVK狙击步枪能在300米距离击中直径16厘米的圆靶。

▲ 俄罗斯狙击手采用卧姿操作KSVK狙击步枪

▲ 黑色涂装的KSVK狙击步枪

043

俄罗斯T-5000狙击步枪

小 档 案	
口　径：	7.62/8.58毫米
全　长：	1180毫米
枪管长：	660毫米
重　量：	6.5千克
弹容量：	5发

旋转后拉式枪机

5发弹匣

7.62/8.58毫米弹药

　　T-5000狙击步枪是俄罗斯奥尔西公司设计制造的高精度手动狙击步枪。为了满足不同战术用途，该枪采用了3种口径，分别发射0.308英寸温彻斯特（7.62×51毫米）、0.300英寸温彻斯特－马格南（7.62×67毫米）和0.338英寸拉普－马格南（8.58×70毫米）步枪弹。该枪采用数控机床加工制成的机匣，工艺比较先进，使机匣强度和加工精度都有提升。枪机组件同样完全采用高质量不锈钢以数控机床加工制成，枪机表面上设有螺旋状排沙槽以增加枪机运动的可靠性。

▲ 展览中的 T-5000 狙击步枪

第4章

英国狙击步枪入门

作为老牌军事强国，英国的轻武器研发实力虽然比不上美国和苏联/俄罗斯，但也不乏佳作，尤其是在狙击步枪方面。例如英国精密国际（AI）推出的"北极作战"（AW）系列狙击步枪受到许多国家的军队和警队的青睐。本章主要介绍二战以来英国设计、制造的经典狙击步枪，每种步枪都简明扼要地介绍了其制造背景和作战性能，并有准确的参数表格。

英国No.4 Mk I (T) 狙击步枪

小 档 案	
口　径：	7.7毫米
全　长：	1130毫米
枪管长：	641毫米
重　量：	4.11千克
弹容量：	10发

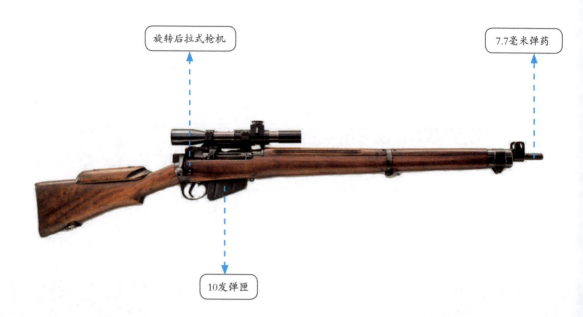

旋转后拉式枪机

7.7毫米弹药

10发弹匣

　　No.4 Mk I (T) 狙击步枪是英国在二战期间以李－恩菲尔德步枪改装而来的手动狙击步枪，英联邦国家一直使用到20世纪60年代，之后被L42A1狙击步枪所取代。No.4 Mk I (T) 狙击步枪的结构与一般李－恩菲尔德步枪大致相同，其配用的No.32瞄准镜原本是为布伦机枪设计的，放大倍数为3倍，瞄准镜座安装在机匣左侧，不妨碍机械瞄具的使用。在枪托上加装的木制托腮板，使瞄准射击时更舒适。瞄准镜不使用时另外有一个专门的袋子携带。

▲ 保存至今的 No.4 Mk I (T) 狙击步枪

第4章 英国狙击步枪入门

英国L42A1狙击步枪

小 档 案	
口　径：	7.62毫米
全　长：	1181毫米
枪管长：	699毫米
重　量：	4.42千克
弹容量：	10发

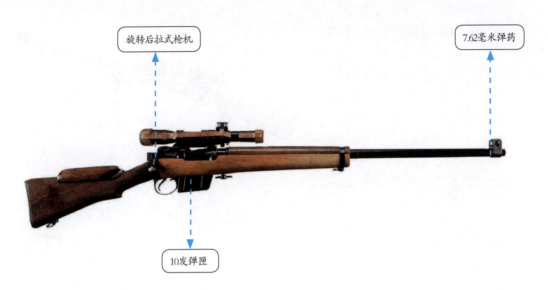

旋转后拉式枪机

7.62毫米弹药

10发弹匣

　　L42A1狙击步枪是在No.4 Mk I (T)狙击步枪的基础上变换口径而成，1970年开始批量生产并进入英国军队服役。最初将No.4 Mk I (T)狙击步枪改装成L42A1狙击步枪的方法比较简单，之后逐渐变得复杂。新的部件包括枪管、弹匣、抛壳挺和上护木，瞄准镜也需要重新校正，以适应7.62×51毫米步枪弹的弹道。同样，备用的机械瞄具也有所改变。L42A1狙击步枪的重型枪管由高质量的EN19AT钢冷锻而成，枪管外表面有冷锻时产生的"蛇皮"表纹。

趣味小知识

　　冷锻是不加热毛坯进行的锻造，它能使金属强化，提高零件的强度。

▲ 保存至今的L42A1狙击步枪

047

英国帕克黑尔M82狙击步枪

小档案
- 口径：7.62毫米
- 全长：1162毫米
- 枪管长：660毫米
- 重量：4.8千克
- 弹容量：4发

帕克黑尔M82狙击步枪是英国帕克黑尔公司以1200TX打靶步枪改进而成的手动狙击步枪，既可供军用，又可供执法机构使用，也可作为射手训练步枪和比赛用运动步枪。帕克黑尔M82狙击步枪的自由浮置式重型枪管用镍铬钢冷锻而成，重约2千克。这种枪管的强度比普通枪管高5%～10%，提高了耐磨损性能。该枪装有可拆卸和折叠的两脚架，其高度可以调节。除机械瞄准具外，该枪还配有4倍放大率的光学瞄准镜。

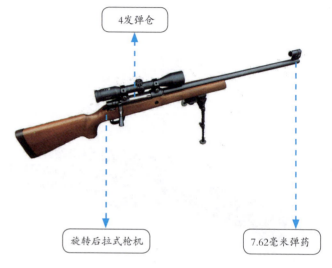

4发弹仓
旋转后拉式枪机
7.62毫米弹药

英国帕克黑尔M85狙击步枪

小档案
- 口径：7.62毫米
- 全长：1151毫米
- 枪管长：700毫米
- 重量：5.7千克
- 弹容量：10发

帕克黑尔M85狙击步枪是帕克黑尔公司参加英国陆军新一代狙击步枪招标时推出的产品，其性能优异，但最终以细微的差距败于精密国际PM狙击步枪。即便如此，帕克黑尔M85狙击步枪还是被巴西海军陆战队所采用。帕克黑尔M85狙击步枪配有机械瞄准具和光学瞄准镜，其中光学瞄准镜是施密特－本德6×42毫米瞄准镜，高低与方向均可调。另外，还可以安装微光瞄准镜。

旋转后拉式枪机
7.62毫米弹药
10发弹匣

英国PM狙击步枪

小档案
- 口径：7.62毫米
- 全长：1194毫米
- 枪管长：655毫米
- 重量：6.5千克
- 弹容量：10发

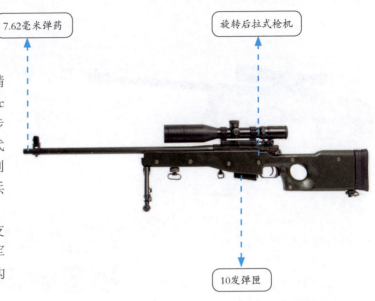

7.62毫米弹药　旋转后拉式枪机　10发弹匣

PM狙击步枪是英国精密国际"北极作战"（Arctic Warfare，AW）系列狙击步枪的原型枪，20世纪80年代中期被英军以L96的名称列装。PM狙击步枪主要有步兵型、警用型和隐藏型三种。英国陆军购买了超过1200支步兵型，其他一些国家的军队（如法国外籍兵团）也购买了一些步兵型。

英国AW狙击步枪

小档案
- 口径：7.62毫米
- 全长：1180毫米
- 枪管长：660毫米
- 重量：6.5千克
- 弹容量：10发

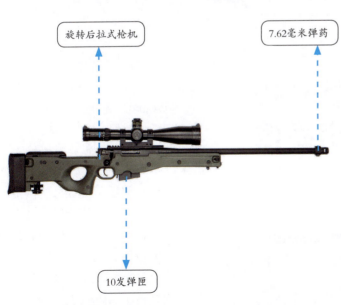

旋转后拉式枪机　7.62毫米弹药　10发弹匣

AW狙击步枪是精密国际"北极作战"系列狙击步枪的基本型，被英国陆军命名为L96A1。该枪与PM（L96）狙击步枪一样使用7.62×51毫米北约标准步枪弹，"北极作战"的名称源于其在严寒气候下良好的操作性。AW狙击步枪的枪机具有防冻功能，即使在零下40摄氏度的低温中仍能可靠地运作。该枪可以达到0.75MOA的精准度，在550米距离上发射比赛弹的散布直径小于5.1厘米。

英国AWM狙击步枪

小 档 案	
口　径：	8.58毫米（最大）
全　长：	1230毫米
枪管长：	686毫米
重　量：	6.9千克
弹容量：	5发

AWM狙击步枪是AW枪族中使用大威力弹药的型号，其名称中的"M"意为"Magnum"（马格南）。该枪可以发射的弹药包括7毫米雷明顿－马格南、0.300英寸温彻斯特－马格南（7.62×67毫米）和0.338英寸拉普－马格南（8.58×70毫米）步枪弹等。其中使用0.338英寸拉普－马格南步枪弹的又被称为AWSM狙击步枪，"SM"意为"Super Magnum"（超级马格南）。由于弹壳直径比原来的7.62×51毫米步枪弹更大，为不改变弹匣宽度和铝底座的相关尺寸，AWM狙击步枪的弹匣容量只有单排5发。

AWP狙击步枪是AW枪族中专供执法机构使用的型号，其名称中的"P"意为"Police"（警察）。与AW狙击步枪相比，AWP狙击步枪采用较长和管壁较厚的重型不锈钢枪管，取消了后备的机械瞄具，并可在枪托底部安装一个弹簧定位的后脚架，可与两脚架共同构成三点支撑，提高瞄准射击时的稳定性。AWP狙击步枪可以发射0.243英寸温彻斯特和0.308英寸温彻斯特（7.62×51毫米）两种步枪弹。

英国AWP狙击步枪

小 档 案	
口　径：	7.62毫米
全　长：	1120毫米
枪管长：	610毫米
重　量：	6.5千克
弹容量：	10发

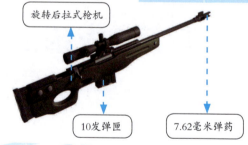

英国AWS狙击步枪

小 档 案	
口　径：	7.62毫米
全　长：	1200毫米
枪管长：	660毫米
重　量：	6千克
弹容量：	10发

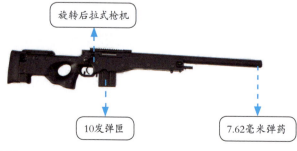

AWS狙击步枪是AW枪族中的消音型，其名称中的"S"意为"Suppressed"（消音器）。为了不增加全枪长度及保证较好的精度，AWS狙击步枪采用与枪管结合在一起的整体式消音器。枪管可以拆卸，射手可在3分钟内拆卸带消音器的枪管并换上标准的AW或AWP枪管，在更换枪管后，瞄准镜需要重新归零。美国陆军"三角洲"特种部队和英国陆军特别空勤团都装备了AWS狙击步枪。

第4章 英国狙击步枪入门

英国AW50狙击步枪

小档案	
口　径：	12.7毫米
全　长：	1420毫米
枪管长：	686毫米
重　量：	13.5千克
弹容量：	5发

AW50狙击步枪是AW狙击步枪的衍生型之一，发射12.7×99毫米北约标准步枪弹。AW50狙击步枪是一支非常沉重的武器，连接两脚架时重达15千克，这个重量大约是一支典型的突击步枪的4倍。不过，凭借枪口制动器、枪托内部的液压缓冲系统和橡胶制造的枪托底板，AW50狙击步枪的后坐力被控制在可接受的范围内，并大大提高了精准度。目前，AW50狙击步枪已被英国常规部队及特别空勤团采用，并命名为L121A1。

（12.7毫米弹药／旋转后拉式枪机／5发弹匣）

英国AS50狙击步枪

小档案	
口　径：	12.7毫米
全　长：	1369毫米
枪管长：	692毫米
重　量：	12.3千克
弹容量：	10发

AS50（Arctic Semi-automatic 50）狙击步枪是精密国际研制的重型半自动狙击步枪（反器材步枪），也是AW狙击步枪的衍生型之一，发射12.7×99毫米北约标准步枪弹。AS50狙击步枪采用了气动式半自动枪机和枪口制动器，令AS50狙击步枪射击时能感受到的后坐力比AW50手动狙击步枪还低，并能够更快地狙击下一个目标。

（转栓式枪机／10发弹匣／12.7毫米弹药）

英国AE狙击步枪

小档案	
口　径：	7.62毫米
全　长：	1120毫米
枪管长：	610毫米
重　量：	6千克
弹容量：	10发

AE狙击步枪是精密国际推出的"廉价型"狙击步枪，尽管不如AW系列狙击步枪坚固，但价格却下降了很多，主要用户为执法机构。与AW和AWP狙击步枪相比，AE狙击步枪只有一种型式（没有其他口径和枪管长度可选），有效射程只有600米。AE狙击步枪取消了机械瞄准具和原来的瞄准镜座，在机匣顶部安装了一段皮卡汀尼导轨。

（旋转后拉式枪机／10发弹匣／7.62毫米弹药）

英国AX 338 狙击步枪

小 档 案	
口　　径：	12.7毫米
全　　长：	1250毫米
枪 管 长：	686毫米
重　　量：	7.8千克
弹 容 量：	10发

旋转后拉式枪机

10发弹匣

12.7毫米弹药

AX 338 狙击步枪是精密国际设计制造的远程狙击步枪，由 AWSM 狙击步枪改进而来。与 AWSM 狙击步枪相比，AX 338 狙击步枪的枪机更长更粗，强度也更大。此外，AX 338 狙击步枪的枪机头可以与机体分离出来，如果要改变口径，只需要更换枪机头和枪管就可以了。机匣顶部设有全尺寸皮卡汀尼导轨，而且有一个八角形截面的枪管护套包裹在枪管外面，枪管护套的四个方向上都有皮卡汀尼导轨，可以在瞄准镜前安装夜视仪及其他辅助装置。

英国AX 50 狙击步枪

AX 50 狙击步枪是精密国际设计制造的手动狙击步枪，是 AX 338 狙击步枪的 12.7×99 毫米口径版本。该枪使用的各个零部件都有其特定的尺寸，不能够与 AW 系列狙击步枪的各个零部件互换使用。AX 50 狙击步枪配备了一根自由浮置式比赛级枪管，枪管设有纵向凹槽，既能够减轻重量，又增加了刚性，同时提高了散热效率。枪管除了与机匣连接外，与整个前托都不接触。

小 档 案	
口　　径：	12.7毫米
全　　长：	1370毫米
枪 管 长：	685.8毫米
重　　量：	12.5千克
弹 容 量：	5发

旋转后拉式枪机

5发弹匣

12.7毫米弹药

英国AX 308 狙击步枪

小 档 案	
口　　径：	7.62毫米
全　　长：	1020毫米
枪 管 长：	660.4毫米
重　　量：	6.1千克
弹 容 量：	10发

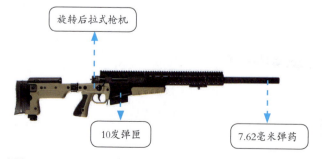

旋转后拉式枪机

10发弹匣

7.62毫米弹药

AX 308 狙击步枪是精密国际设计制造的手动狙击步枪，是 AX 338 狙击步枪的 7.62×51 毫米口径版本。该枪使用的各个零部件都有其特定的尺寸，不能与 AW 系列狙击步枪的各个零部件互换使用。AX 308 狙击步枪的枪口装置除了有制动功能以外，其前端的螺纹还可安装专用的短管铝制战术消声器，以减少射击时所产生的噪音、火光和后坐力。

第5章

德国狙击步枪入门

二战时期，工业发达的德国制造出很多高标准的先进武器。时至今日，德国在枪械制造方面依然有着非凡的成就。德国制造的狙击步枪秉承了德国人一贯的严谨和精密，具有出色的作战性能。本章主要介绍二战以来德国设计、制造的经典狙击步枪，每种步枪都简明扼要地介绍了其制造背景和作战性能，并有准确的参数表格。

德国Kar98k狙击步枪

小 档 案	
口　径：	7.92毫米
全　长：	1110毫米
枪管长：	600毫米
重　量：	3.7千克
弹容量：	5发

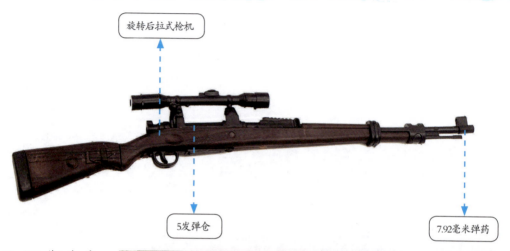

旋转后拉式枪机

5发弹仓

7.92毫米弹药

　　Kar98k 狙击步枪是二战时期德军狙击手的制式武器，它是在 Kar98k 手动步枪基础上加装 4 倍或 6 倍瞄准镜而成，并非严格意义上的狙击步枪。该枪于 1935 年正式投产，同年装备德军，1945 年停产。二战期间，德军共装备了约 13 万支这种简单有效的狙击武器。战后，一些国家继续使用 Kar98k 步枪直到 20 世纪 50 年代。时至今日，二战时期被德军使用过的 Kar98k 步枪已经成为世界各地收藏家的珍品。

▲ 收藏至今的 Kar98k 狙击步枪

▲ 装有背带的 Kar98k 狙击步枪

德国PSG-1狙击步枪

小 档 案	
口　径：	7.62毫米
全　长：	1200毫米
枪管长：	650毫米
重　量：	8.1千克
弹容量：	20发

PSG-1狙击步枪是德国黑克勒-科赫公司（HK公司）研制的半自动狙击步枪，其精度高、威力大，但不适合移动使用，主要用于远程保护。PSG-1狙击步枪大量使用高技术材料，并采用模块化结构，各部件的组合很合理，人机工效设计比较优秀。不过，该枪射击之后弹壳弹出的力量相当大，可以弹出10米之远。虽然这一点对于警方的狙击手来说不算问题，但却限制了PSG-1狙击步枪在军队的使用，因为这很容易暴露狙击手的位置。

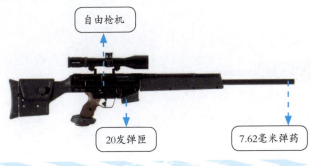

德国MSG90狙击步枪

MSG90狙击步枪是德国黑克勒-科赫公司研制的半自动狙击步枪，由PSG-1狙击步枪改进而来，发射7.62×51毫米北约标准步枪弹。MSG90狙击步枪采用了直径较小、重量较轻的枪管，在枪管前端接有一个直径22.5毫米的套管，以增加枪口的重量，在发射时抑制枪管振动。另外，由于套管的直径与PSG-1狙击步枪的枪管一样，所以MSG90狙击步枪可以安装PSG-1狙击步枪所用的消音器。MSG90狙击步枪没有安装机械瞄准具，只配有放大倍率为12倍的瞄准镜。

小 档 案	
口　径：	7.62毫米
全　长：	1165毫米
枪管长：	600毫米
重　量：	6.4千克
弹容量：	20发

德国G3SG/1狙击步枪

小 档 案	
口　径：	7.62毫米
全　长：	1025毫米
枪管长：	450毫米
重　量：	5.54千克
弹容量：	20发

G3SG/1狙击步枪是HK G3自动步枪的衍生型，虽然它只是一支用自动步枪拼凑出来的狙击步枪，但是仍然被多个国家的军队采用。由于狙击步枪主要用于精确射击目标，扳机力要求比其他枪械小，所以G3SG/1狙击步枪在扳机后方设有调整杆，允许射手自行调整扳机扣力。不同于一般的半自动狙击枪，G3SG/1狙击步枪仍然拥有全自动发射功能。该枪配用特制的7.62×51毫米射击比赛用枪弹，以及放大倍率为1.5~6倍的亨索尔特瞄准镜。

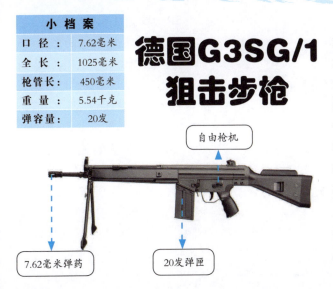

德国SL9SD狙击步枪

小 档 案	
口　径：	7.62毫米
全　长：	1150毫米
枪管长：	510毫米
重　量：	4.6千克
弹容量：	10发

SL9SD狙击步枪是德国黑克勒-科赫公司以HK G36突击步枪改造而成的SL8半自动民用运动型步枪的狙击步枪版本。该枪发射专用的7.62×37毫米亚音速步枪弹，并以10发特制可拆卸弹匣作为供弹方式。虽然SL9SD狙击步枪保留了HK G36突击步枪的机匣，但采用与HK G3自动步枪相似的工作原理，而且只能半自动射击。SL9SD狙击步枪装有两条导轨，一条安装在机匣顶部，另一条安装在护木下方，可以安装可调式两脚架。

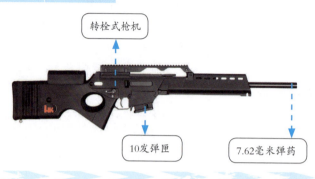

德国SR-100狙击步枪

SR-100狙击步枪是德国埃尔玛公司设计制造的狙击步枪。它与毛瑟SR-93狙击步枪一起参加德国国防军的狙击步枪选型试验，但却落败于英国精密国际的AWM-F狙击步枪（AWM狙击步枪的枪托折叠型），后者被德国国防军采用和定型为G22狙击步枪。SR-100狙击步枪可以发射3种不同口径的弹药，分别为0.308英寸温彻斯特（7.62×51毫米）、0.300英寸温彻斯特-马格南（7.62×67毫米）和0.338英寸拉普-马格南（8.58×70毫米）步枪弹，可以通过更换枪管、枪机和弹匣来改变口径。

小 档 案	
口　径：	7.62毫米
全　长：	1360毫米
枪管长：	750毫米
重　量：	6.9千克
弹容量：	5发

德国SR-93狙击步枪

小 档 案	
口　径：	8.58毫米
全　长：	1230毫米
枪管长：	690毫米
重　量：	5.9千克
弹容量：	5发

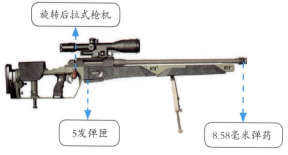

SR-93狙击步枪是德国毛瑟公司为参加德国国防军在20世纪90年代早期开展的G22狙击步枪选型试验而研制的。在莱茵金属公司兼并毛瑟公司之前，毛瑟公司只生产了少量SR-93狙击步枪，大部分流向民用市场，小部分被德国和荷兰的特警队采用。SR-93狙击步枪的一个特点是只需改变拉机柄的安装方向，就能不使用工具就把枪机转换成左手操作或右手操作。

第5章 德国狙击步枪入门

德国DSR-1狙击步枪

小档案	
口　　径：	7.62毫米
全　　长：	990毫米
枪 管 长：	650毫米
重　　量：	5.9千克
弹 容 量：	5发

旋转后拉式枪机

5发弹匣

7.62毫米弹药

DSR-1狙击步枪是德国DSR精密公司设计制造的紧凑型无托狙击步枪，主要供警方神射手使用。该枪大量采用高技术材料，如铝合金、钛合金、高强度玻璃纤维复合材料等，既减轻了重量，又保证了武器的坚固性和可靠性。对于旋转后拉式枪机步枪来说，采用无托结构会使拉机柄的位置过于靠后，导致拉动枪机的动作幅度较大和用时较长，但由于DSR-1的定位是警用狙击步枪，强调首发命中而非射速，所以用在正确的场合时这个缺点并不明显。

▲ DSR-1狙击步枪及其弹药

▲ 使用两脚架支撑的DSR-1狙击步枪

德国DSR-50狙击步枪

小档案
- 口　径：12.7毫米
- 全　长：1350毫米
- 枪管长：800毫米
- 重　量：10.3千克
- 弹容量：3发

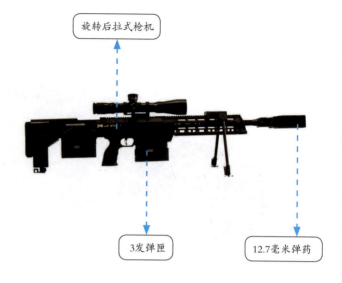

旋转后拉式枪机

3发弹匣　　12.7毫米弹药

DSR-50狙击步枪是德国DSR精密公司设计制造的无托狙击步枪（反器材步枪）。从本质上来说，该枪就是DSR-1狙击步枪的膛室放大型，发射12.7×99毫米北约标准步枪弹。DSR-50狙击步枪把枪机等主要部件放在手枪握把的背后，从而缩短了总长度而不缩短枪管长度。DSR-50狙击步枪装有一种结合了消音器和枪口制动器的枪口装置，可大大减少射击时产生的枪口焰、噪音和后坐力。

德国WA 2000狙击步枪

小档案
- 口　径：7.62毫米
- 全　长：905毫米
- 枪管长：650毫米
- 重　量：7.35千克
- 弹容量：6发

转栓式枪机　　7.62毫米弹药

6发弹匣

WA 2000狙击步枪是德国卡尔·瓦尔特公司设计制造的高精度狙击步枪，1982年首次亮相，之后被几个欧洲国家的特警单位少量采用。该枪一共生产了两种型号，但都没有独立的名称，所以人们一般把最早生产的WA 2000称为第一代，后来的型号称为第二代。WA 2000狙击步枪性能优异，精度极高。不过由于WA 2000狙击步枪的设计和生产完全以高质量和高精度为首要目标，几乎不考虑制造成本，导致该枪的售价非常高昂。

德国R93狙击步枪

小档案

口 径：	8.58毫米（最大）
全 长：	1050毫米
枪管长：	600毫米
重 量：	5.4千克
弹容量：	4发

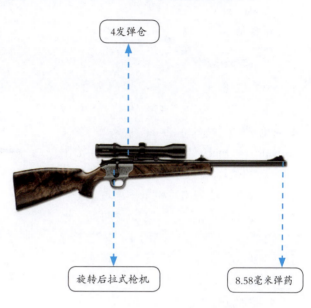

4发弹仓

旋转后拉式枪机

8.58毫米弹药

R93狙击步枪是德国布拉塞尔公司研制的战术型狙击步枪，可通过更换枪管的方式发射5.56毫米、5.59毫米、6毫米、6.5毫米、7.62毫米和8.58毫米等多种口径的弹药。与手动步枪一样，R93狙击步枪需要手动完成上膛与退膛动作。该枪的瞄准具可通过MIL-STD-1913战术导轨安装在枪管上，配合原厂特制的比赛级弹药，该枪可以准确命中远处的小型目标。在布拉塞尔公司被西格－绍尔公司收购之后，R93狙击步枪的销售改由西格－绍尔公司负责。

德国SP66狙击步枪

小档案

口 径：	7.62毫米
全 长：	1120毫米
枪管长：	730毫米
重 量：	6.12千克
弹容量：	4发

4发弹仓

7.62毫米弹药

旋转后拉式枪机

SP66狙击步枪是德国毛瑟公司专门为军队和执法机构研制的单发狙击步枪，其外形与运动步枪相似。该枪是毛瑟66型系列猎枪的衍生型之一，1976年正式推出。SP66狙击步枪的击针簧力度很强，击针打击底火的速度非常快，枪机闭锁时间大幅缩短。该枪的扳机力和行程都可调整，扳机上还配有10毫米宽的扳机护圈，射手戴手套时也可射击。该枪使用特制的7.62毫米狙击弹，也可发射0.300英寸温彻斯特－马格南（7.62×67毫米）步枪弹。

德国SSG-82狙击步枪

小档案
- 口径：5.45毫米
- 全长：1050毫米
- 枪管长：560毫米
- 重量：5千克
- 弹容量：5发

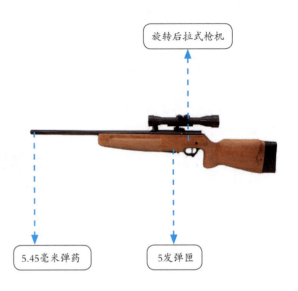

SSG-82狙击步枪是德国研制的手动狙击步枪，发射5.45×39毫米小口径步枪弹。"SSG"的名称来自德文"Scharfschutzengewehr"，意思是"神枪手步枪"。实际上，它是按照狙击步枪的标准设计的。SSG-82狙击步枪采用浮置式重型枪管，枪托短而结实，托腮处直而高，握持比较舒适。该枪配备蔡司4×32毫米固定倍率瞄准镜，瞄准镜底座采用转动式，可进行风偏和高低调节。SSG-82狙击步枪的弹匣与缩短的AK-74步枪的弹匣相似，通过向前按压弹匣卡笋，可卸下弹匣。

德国86SR狙击步枪

小档案
- 口径：7.62毫米
- 全长：1270毫米
- 枪管长：730毫米
- 重量：5.9千克
- 弹容量：9发

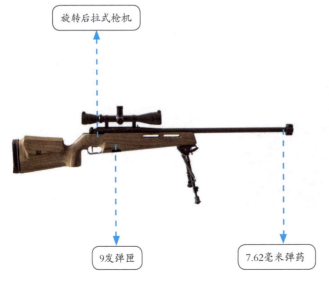

86SR狙击步枪是德国毛瑟公司于20世纪80年代为特种部队和警察设计的手动狙击步枪，用于取代毛瑟SP66狙击步枪，也可用作比赛步枪。与SP66狙击步枪相比，86SR狙击步枪改用了可拆卸的大容量弹匣，因此火力更强。86SR狙击步枪的盒形弹匣可以容纳9发7.62毫米北约标准步枪弹。该枪曾通过严格的寒带地区和热带地区试验，并在各种条件下都能保证首发命中，因此受到特种部队的青睐。

德国RS9狙击步枪

小档案
- 口径：8.58毫米
- 全长：1300毫米
- 枪管长：685毫米
- 重量：8千克
- 弹容量：10发

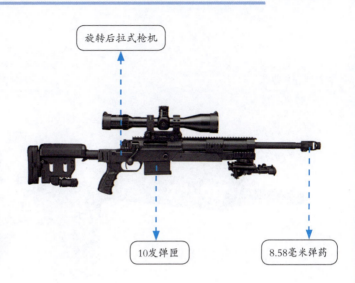

旋转后拉式枪机
10发弹匣
8.58毫米弹药

RS9狙击步枪是德国黑内尔武器公司设计制造的手动狙击步枪，发射0.338英寸拉普－马格南（8.58×70毫米）步枪弹。该枪被德国联邦国防军采用并命名为G29狙击步枪，作为取代G22狙击枪（英国精密国际AWM狙击步枪）的中程狙击步枪。该枪采用冷锻法加工制成的自由浮置式枪管，标准膛线缠距为254毫米，枪口可装上制动/消焰器，需要时也可改为战术消音器。

德国HK G28精确射手步枪

小档案
- 口径：7.62毫米
- 全长：1082毫米
- 枪管长：420毫米
- 重量：5.8千克
- 弹容量：20发

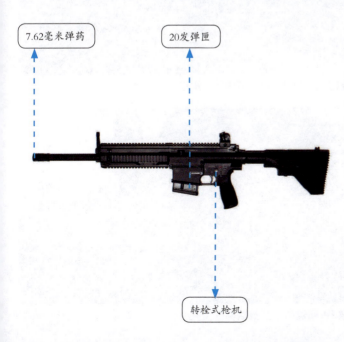

7.62毫米弹药
20发弹匣
转栓式枪机

HK G28步枪是德国黑克勒－科赫公司研制的军用型精确射手步枪，发射7.62×51毫米北约标准步枪弹。该枪主要用于装备部队特等射手，以弥补5.56×45毫米北约标准口径步枪在400米距离以上的杀伤力空白。HK G28步枪采用短冲程活塞传动式系统，比AR-10、M16及M4的导气管传动式更可靠，有效减少维护次数，从而提高效能。该枪的枪管并非自由浮置式，但护木则是自由浮置式结构。这样的结构设计是为了尽量减少外部零件对枪管的影响，以提高射击精度。

德国HK417精确射手步枪

小档案

口　径	：	7.62毫米
全　长	：	1085毫米
枪管长	：	508毫米
重　量	：	4.23千克
弹容量	：	20发

7.62毫米弹药　　转栓式枪机　　20发弹匣

HK417步枪是德国黑克勒－科赫公司设计制造的7.62毫米口径步枪，具有精度高和可靠性强等优点，主要作为精确射手步枪，用于与狙击步枪作高低搭配，必要时可进行全自动射击。该枪有HK417突击型（400毫米枪管）、HK417侦察型（533毫米枪管）、HK417狙击型（667毫米枪管）、MR308（半自动民用型）和MR762（在美国发售的半自动民用型）等多种衍生型。HK417系列步枪目前已装备世界各国多个军警单位，大多作为狙击步枪或精确射手步枪用途。

▲ 使用两脚架支撑的HK417精确射手步枪

▲ 手持HK417精确射手步枪的德国士兵

第6章

其他国家狙击步枪入门

除了美国、苏联/俄罗斯、英国和德国外,世界上还有许多国家都自主研制了狙击步枪,其中不乏精品,例如法国FR-F2狙击步枪、奥地利TPG-1狙击步枪等。本章主要介绍二战以来法国、奥地利、瑞士、比利时和以色列等国设计、制造的经典狙击步枪,每种步枪都简明扼要地介绍了其制造背景和作战性能,并有准确的参数表格。

法国FR-F1狙击步枪

小档案

口　径：		7.5毫米
全　长：		1200毫米
枪管长：		650毫米
重　量：		5.2千克
弹容量：		10发

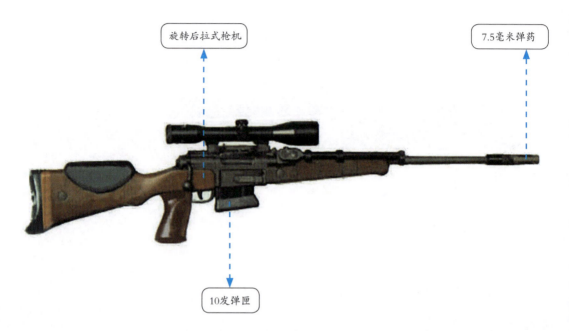

旋转后拉式枪机

7.5毫米弹药

10发弹匣

FR-F1狙击步枪是法国地面武器工业公司在MAS 36手动步枪和MAS 49/56半自动步枪的基础上改进而来的狙击步枪，曾是法国军队的制式武器，主要是作为步兵分队的中、远程狙击武器，打击重点目标。FR-F1狙击步枪采用旋转后拉式枪机，只能进行单发射击。枪口装有兼作制动器的消焰装置。枪托用胡桃木制成，底部有硬橡胶托底板。根据射手需要，可以在枪托上加装高8毫米或17毫米的托腮板。

▲ 装有瞄准镜和两脚架的FR-F1狙击步枪

法国FR-F2狙击步枪

小档案

口　径：	7.62毫米
全　长：	1200毫米
枪管长：	650毫米
重　量：	5.3千克
弹容量：	10发

旋转后拉式枪机

7.62毫米弹药

10发弹匣

　　FR-F2狙击步枪是法国地面武器工业公司在FR-F1狙击步枪的基础上改进而成的，1984年底完成设计定型，从20世纪80年代中期开始逐步取代FR-F1狙击步枪，装备法国军队至今，其装备级别和战术使命与FR-F1狙击步枪完全相同。FR-F2狙击步枪的基本结构如枪机、机匣、发射机构都与FR-F1狙击步枪一样，主要改进了人机工效。该枪没有机械瞄准具，只能用光学瞄准镜进行瞄准射击，除配有4倍白光瞄准镜外，还配有夜间使用的微光瞄准镜。

▲ 法军狙击手在山区使用FR-F2狙击步枪

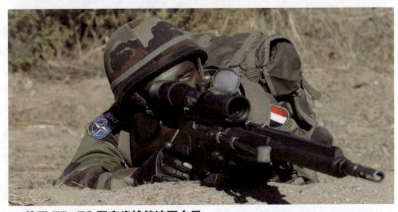

▲ 使用FR-F2狙击步枪的法军士兵

法国PGM Hecate Ⅱ狙击步枪

小　档　案	
口　径：	12.7毫米
全　长：	1380毫米
枪管长：	700毫米
重　量：	13.8千克
弹容量：	7发

旋转后拉式枪机　　12.7毫米弹药　　7发弹匣

　　PGM Hecate Ⅱ狙击步枪是法国军队的现役狙击步枪，又称为FR-12.7狙击步枪。"Hecate"取自于希腊神话中的冥界女神"赫卡忒"。除法国外，该枪还被德国、波兰、瑞士、奥地利和拉脱维亚等国所采用。PGM Hecate Ⅱ狙击步枪更换枪管就可发射弹底直径相同而口径不同的枪弹，如7.62×51毫米北约标准步枪弹、7.62毫米"萨维奇"步枪弹等。该枪的机匣为模块化结构，由铝合金制成。两脚架安装在护木下方，可向前折叠起来。

▲ 装有瞄准镜和两脚架的PGM Hecate Ⅱ狙击步枪

奥地利TPG-1狙击步枪

小 档 案	
口　径：	8.58毫米（最大）
全　长：	1230毫米
枪管长：	650毫米
重　量：	6.2千克
弹容量：	5发

旋转后拉式枪机　　8.58毫米弹药　　5发弹匣

TPG-1狙击步枪是奥地利尤尼科·阿尔皮纳公司设计制造的竞赛型手动狙击步枪，其名称中的"TPG"是德语"Taktisches Präzisions Gewehr"的缩写，意为"战术精密步枪"。除了极高的射击精度，TPG-1狙击步枪的最大特点就是模块化。其枪机有3个闭锁凸耳。整个枪机、上机匣组件安装在一个铝制的下机匣上（机匣是由两种材料复合制成，目的是保证强度的同时减轻重量）。TPG-1狙击步枪具有不同口径的多种型号，通过更换枪管和枪机组件即可快速实现不同型号之间的转换。

▲ 展览中的 TPG-1狙击步枪

▲ 靶场上的 TPG-1狙击步枪

奥地利SSG 04狙击步枪

小档案
- 口　径：7.62毫米
- 全　长：1175毫米
- 枪管长：600毫米
- 重　量：4.9千克
- 弹容量：10发

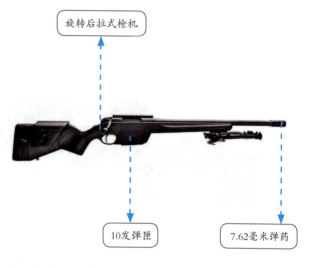

旋转后拉式枪机

10发弹匣　　7.62毫米弹药

SSG 04狙击步枪是奥地利斯泰尔·曼利夏公司在SSG 69狙击步枪基础上研制的手动狙击步枪，可发射0.243英寸温彻斯特（6×52毫米）、0.308英寸温彻斯特（7.62×51毫米）和0.300英寸温彻斯特－马格南（7.62×67毫米）步枪弹。SSG 04狙击步枪采用浮置式重型枪管，枪口装有制动器。全枪的外部经过黑色磷化处理，以增强耐久性、提高抗腐蚀性，并减少在夜间行动时被发现的概率。该枪使用工程塑料制成的枪托，配备可调整高低的托腮板和枪托底板以适合射手身材。枪托表面没有花纹，握持更舒适。

奥地利SSG 08狙击步枪

小档案
- 口　径：8.58毫米（最大）
- 全　长：1270毫米
- 枪管长：690毫米
- 重　量：6.01千克
- 弹容量：10发

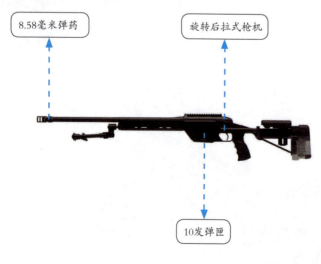

8.58毫米弹药　　旋转后拉式枪机

10发弹匣

SSG 08狙击步枪是奥地利斯泰尔·曼利夏公司研制的手动狙击步枪，2008年开始批量生产。该枪的冷锻枪管采用浮置式设计，枪管前端带有一个高效的制动器。为了使狙击手能够执行不同的作战任务，SSG 08狙击步枪可以发射三种不同口径的弹药，即7.62×51毫米北约标准步枪弹、0.300英寸温彻斯特－马格南（7.62×67毫米）步枪弹和0.243英寸温彻斯特（6×52毫米）步枪弹。

奥地利SSG 69狙击步枪

小 档 案	
口　径：	7.62毫米
全　长：	1140毫米
枪管长：	650毫米
重　量：	3.9千克
弹容量：	5发

SSG 69狙击步枪是奥地利斯泰尔·曼利夏公司研制的手动狙击步枪，目前是奥地利陆军的制式狙击步枪，也被不少执法机关所采用。该枪是一种手动装填步枪，开、闭锁时需人工将枪机转动60度。闭锁方式为枪机回转式。扳机为两道火式，扳机行程的长短和扳机拉力的大小均可以进行调整。枪托采用合成材料制成，枪托底板后面的缓冲垫可以拆卸，因此枪托长度可以调整。

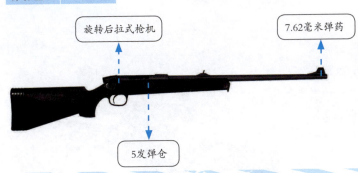

奥地利Scout狙击步枪

Scout狙击步枪是斯泰尔·曼利夏公司于20世纪90年代初研制的手动狙击步枪，曾在科索沃战争中投入使用。Scout狙击步枪的枪机头有4个闭锁凸笋，开锁动作平滑迅速。枪机尾部有待击指示器，当处于待击位置时向外伸出，夜间可以用手触摸到。枪托由树脂制成，重量很轻。枪托下有容纳备用弹匣的插槽和附件室，枪托前方有整体式两脚架。机匣顶部有韦弗式瞄准镜座，可以安装各种瞄准镜，枪管上方也有瞄准镜座，因此有多个位置可以安装不同类型的瞄准镜。

小 档 案	
口　径：	7.62毫米
全　长：	1039毫米
枪管长：	415毫米
重　量：	3.3千克
弹容量：	10发

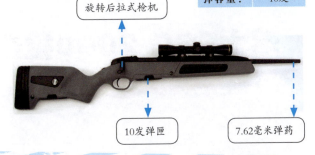

奥地利HS50狙击步枪

小 档 案	
口　径：	12.7毫米
全　长：	1370毫米
枪管长：	833毫米
重　量：	12.4千克
弹容量：	1发

HS50狙击步枪是斯泰尔·曼利夏公司研制的手动狙击步枪，发射12.7×99毫米步枪弹。它既可作远程狙击步枪使用，也可以作为反器材步枪使用。HS50狙击步枪的枪机头采用双闭锁凸笋，两道火扳机的扳机力为1.8千克。重型枪管上有凹槽，配有高效制动器。枪托的长度可调，托腮板的高度可调。该枪没有机械瞄准具，只能通过皮卡汀尼导轨安装瞄准装置及两脚架等附件。HS50狙击步枪没有采用弹匣供弹，一次只能装填1发子弹。

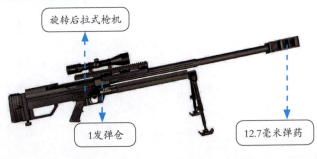

瑞士B&T APR狙击步枪

小档案
- 口径：7.62毫米
- 全长：1214毫米
- 枪管长：610毫米
- 重量：7.01千克
- 弹容量：10发

旋转后拉式枪机 / 7.62毫米弹药 / 10发弹匣

B&T APR 狙击步枪是瑞士布鲁加·托梅（B&T）公司研制的手动狙击步枪，主要分为 APR308 和 APR338 两种型号。2005 年，APR308 在法国巴黎召开的国际军警保安器材展上首次公开展出，此后便被新加坡武装部队正式选为制式狙击枪。2007 年，B&T 公司推出了 0.338 英寸拉普 – 马格南（8.58×70毫米）版本，称为 APR338。该枪的机匣顶部设有一条 MIL-STD-1913 战术导轨，前护木上也可安装 3 条额外附加 MIL-STD-1913 战术导轨的上护木。

瑞士SSG 2000狙击步枪

小档案
- 口径：7.62毫米
- 全长：1210毫米
- 枪管长：610毫米
- 重量：6.6千克
- 弹容量：4发

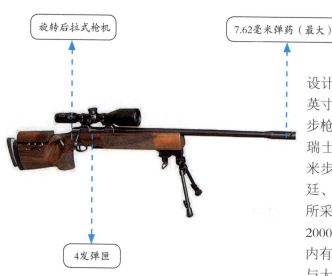

旋转后拉式枪机 / 7.62毫米弹药（最大）/ 4发弹匣

SSG 2000 狙击步枪是瑞士西格公司设计制造的手动狙击步枪，可发射 0.300 英寸温彻斯特 – 马格南（7.62×67毫米）步枪弹、7.62×51 毫米北约标准步枪弹、瑞士 7.5×55 毫米步枪弹和 5.56×45 毫米步枪弹。该枪曾被瑞士、英国、阿根廷、约旦、马来西亚等国的军队和警察所采用，目前仍有一部分在服役中。SSG 2000 狙击步枪采用锤锻而成的重型枪管，内有锥形膛线，枪口装有消焰/制动器。与大多数手动步枪不一样，该枪的弹仓在枪托中间，由下方装弹。

第6章 其他国家狙击步枪入门

瑞士SSG 3000 狙击步枪

小档案	
口径：	7.62毫米
全长：	1180毫米
枪管长：	600毫米
重量：	5.4千克
弹容量：	5发

SSG 3000 狙击步枪是瑞士西格公司于1984年推出的手动狙击步枪，在欧美国家的执法机关和军队中比较常见。该枪采用模块化设计，枪管和机匣为一个组件，而扳机组和弹仓为一个组件，主要零件都可以快速转换。重型枪管由碳钢冷锻而成，枪管外壁带有传统的散热凹槽，而枪口位置也带有圆形凹槽。枪口装置具有制动及消焰功能，两道火扳机可以单/双动击发，其行程和扳机力可调整。

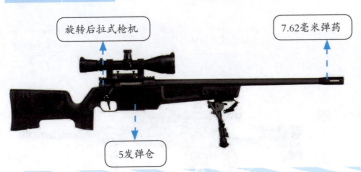

瑞士OM 50 狙击步枪

OM 50 狙击步枪是瑞士先进军事系统设计公司设计制造的模块化手动狙击步枪（反器材步枪），绰号"复仇女神"（Nemesis），发射12.7×99毫米北约标准步枪弹。该枪采用航空铝合金制成的机匣、硬质钢制成的枪机，自由浮置式枪管通过一组螺钉固定在机匣前端，可以配备一个消焰器、制动器或消音器。两道火扳机具有三种模式，扳机扣力可以调节。

小档案	
口径：	12.7毫米
全长：	1500毫米
枪管长：	810毫米
重量：	15千克
弹容量：	5发

比利时FN SPR 狙击步枪

小档案	
口径：	7.62毫米
全长：	1117.6毫米
枪管长：	609.6毫米
重量：	5.13千克
弹容量：	5发

FN SPR 狙击步枪是比利时赫斯塔尔国营工厂研制的手动狙击步枪，主要发射7.62×51毫米北约标准步枪弹。该枪的最大特点是内膛镀铬的浮置式枪管和合成枪托。内膛镀铬的好处是枪管更持久、更耐腐蚀和易于清洁维护。不过，镀铬枪管可能导致精度下降，所以在手动狙击步枪中非常罕见。由于没有机械瞄具，FN SPR 狙击步枪必须利用机匣顶部的 MIL-STD-1913 战术导轨安装各种战术附件。

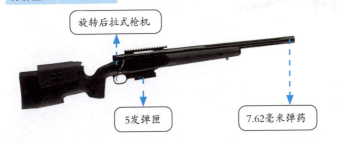

比利时FN"弩炮"狙击步枪

小档案
- 口　径：8.58毫米（最大）
- 全　长：730毫米
- 枪管长：610毫米
- 重　量：6.8千克
- 弹容量：10发

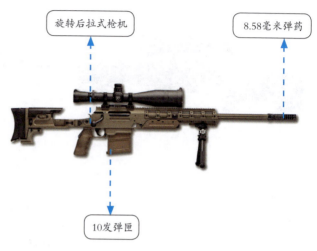

旋转后拉式枪机　　8.58毫米弹药　　10发弹匣

　　FN"弩炮"（Ballista）狙击步枪是比利时赫斯塔尔国营工厂在奥地利TPG-1狙击步枪的基础上改进而来的手动狙击步枪，可以发射7.62×51毫米北约标准步枪弹、0.300英寸温彻斯特－马格南（7.62×67毫米）步枪弹和0.338英寸拉普－马格南（8.58×70毫米）步枪弹。三种口径的枪管等部件可以使用工具进行更换，而且可以在两分钟内更换完毕。该枪没有配备机械瞄准具，必须利用机匣顶部的全尺寸MIL-STD-1913战术导轨安装各种战术附件。

比利时FN 30-11狙击步枪

小档案
- 口　径：7.62毫米
- 全　长：1117毫米
- 枪管长：502毫米
- 重　量：4.85千克
- 弹容量：10发

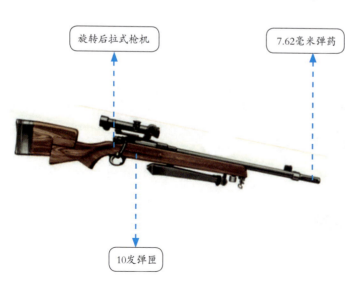

旋转后拉式枪机　　7.62毫米弹药　　10发弹匣

　　FN 30-11狙击步枪是比利时赫斯塔尔国营工厂于20世纪70年代末研制的狙击步枪，主要供军队和执法机构保卫机场、军事重地和国家机关等重要设施。FN30-11狙击步枪采用优质材料，结构结实，射击精度高。枪管为加重型，装有很长的枪口消焰器。前托下方装有高低可调的两脚架。为了适应每个狙击手的需要，FN 30-11狙击步枪还设计了长度可调的枪托。

比利时Mk 20狙击步枪

小档案
- 口　径：7.62毫米
- 全　长：1079.5毫米
- 枪管长：508毫米
- 重　量：4.85千克
- 弹容量：20发

Mk 20狙击步枪是比利时赫斯塔尔国营工厂在FN SCAR突击步枪的基础上改进而来的半自动狙击步枪，发射7.62×51毫米北约标准步枪弹。该枪采用一根由冷锻法加工制成的自由浮置式不锈钢枪管，内膛镀铬，枪口装有消焰器，可快速拆卸。机匣顶部设有MIL-STD-1913战术导轨，可安装昼/夜光学瞄准镜、夜视仪或者后备机械瞄具。

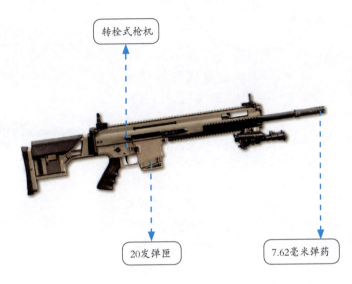

转栓式枪机　20发弹匣　7.62毫米弹药

以色列"加利尔"狙击步枪

小档案
- 口　径：7.62毫米
- 全　长：1110毫米
- 枪管长：584毫米
- 重　量：5.7千克
- 弹容量：25发

"加利尔"（Galil）狙击步枪是以色列军事工业在"加利尔"突击步枪的基础上改进而来的半自动狙击步枪，发射7.62×51毫米北约标准步枪弹。该枪装有可调整扣力的两道火扳机机构、可折叠至右侧的木制枪托以及可折叠的重型两脚架。枪托的长度和高度完全可调，并配有可调节高度的托腮板。

以色列SR99狙击步枪

小档案
- 口　径：7.62毫米
- 全　长：1112毫米
- 枪管长：508毫米
- 重　量：5.1千克
- 弹容量：25发

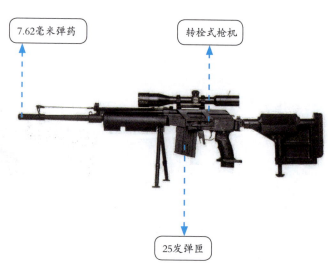

7.62毫米弹药　　转栓式枪机　　25发弹匣

SR99狙击步枪是以色列军事工业于2000年推出的半自动狙击步枪，实际上就是"加利尔"狙击步枪的现代化版本。该枪在设计时充分考虑了狙击手的战斗环境和独特操作要求，一切为狙击手着想，利于狙击手迅速投入战斗，具有精确瞄准和连续开火能力。换装枪管后，SR99狙击步枪还可变为普通步枪。该枪使用25发弹仓供弹，可持续射击较长时间。

以色列M89SR狙击步枪

小档案
- 口　径：7.62毫米
- 全　长：850毫米
- 枪管长：560毫米
- 重　量：4.5千克
- 弹容量：20发

转栓式枪机　　7.62毫米弹药　　20发弹匣

M89SR狙击步枪是以色列技术顾问国际公司研制的无托半自动狙击步枪，发射7.62×51毫米北约标准步枪弹。M89SR狙击步枪的浮置式枪管长度为560毫米，由于采用了无托结构，全枪长度只有850毫米，即使加上消音器也仅有1030毫米。由于尺寸紧凑且重量较轻，M89SR狙击步枪非常适合城市环境下的战斗行动。

以色列DAN狙击步枪

小档案
- 口　径：8.58毫米
- 全　长：1280毫米
- 枪管长：737毫米
- 重　量：5.9千克
- 弹容量：10发

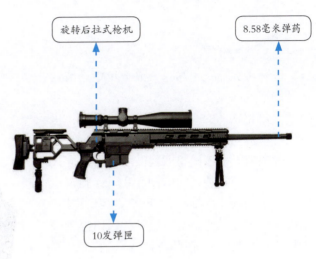

旋转后拉式枪机　　8.58毫米弹药　　10发弹匣

　　DAN狙击步枪是以色列武器工业公司设计制造的手动狙击步枪，发射0.338英寸拉普－马格南（8.58×70毫米）步枪弹。该枪主要用于远距离狙击，以及有限度的反器材用途。在1200米范围以内，DAN狙击步枪具有小于1MOA的精度。该枪设有多条MIL-STD-1913战术导轨，用以安装昼/夜光学瞄准镜（顶部导轨）、两脚架（底部导轨）或其他附件（其他导轨）。比赛级的自由浮置式枪管表面具有凹槽，枪口具有快速装上消音器的连接螺纹。

波兰"博尔"狙击步枪

小档案
- 口　径：7.62毫米
- 全　长：1038毫米
- 枪管长：680毫米
- 重　量：6.1千克
- 弹容量：10发

旋转后拉式枪机　　7.62毫米弹药　　10发弹匣

　　"博尔"（Bor）狙击步枪是波兰设计制造的手动狙击步枪，已被波兰陆军正式采用。"博尔"狙击步枪采用无托结构，制式型号重6.1千克，枪管长680毫米，另有为空降部队研制的560毫米枪管。波兰陆军最初接收的"博尔"狙击步枪装有美国刘波尔德（4.5～14）×50毫米光学瞄准镜和夜视瞄准装置，从2009年开始换为波兰本国制造的CKW昼/夜用瞄准具。

波兰"阿历克斯"狙击步枪

小档案
- 口径：7.62/8.58毫米
- 全长：1400毫米
- 枪管长：680毫米
- 重量：6.8千克
- 弹容量：10发

"阿历克斯"（Alex）狙击步枪是波兰设计制造的手动狙击步枪，发射0.338英寸拉普－马格南（8.58×70毫米）步枪弹，也有发射0.308英寸温彻斯特（7.62×51毫米）步枪弹的型号。该枪将取代波兰陆军、宪兵部队和驻伊部队装备的俄制SVD-M狙击枪和芬兰TRG-21/22狙击步枪。"阿历克斯"狙击步枪采用无托结构，枪管为自由浮置式重型枪管，枪口装有制动器，可减小30%的后坐力。该枪设有制式皮卡汀尼导轨，可安装多种机械和光学瞄准具。

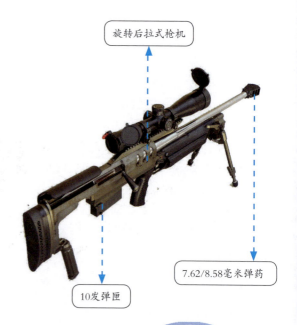

旋转后拉式枪机 / 7.62/8.58毫米弹药 / 10发弹匣

捷克CZ 700狙击步枪

小档案
- 口径：7.62毫米
- 全长：1215毫米
- 枪管长：610毫米
- 重量：6.2千克
- 弹容量：10发

CZ 700狙击步枪是捷克塞斯卡·直波尔约夫卡兵工厂在CZ系列猎枪基础上研制的狙击步枪，具有较高的射击精度。CZ 700狙击步枪的机匣非常结实，这是由于闭锁凸笋设在后方的缘故。为了保持机匣的牢固性，设在右侧的抛壳窗相当小，正好容空弹壳向右下方抛出。进弹口也较小，恰好插入双排10发铝制盒式弹匣。CZ 700狙击步枪没有安装机械瞄准具，但在机匣顶部预留有安装韦弗式导轨或光学瞄准具的螺孔。

旋转后拉式枪机 / 7.62毫米弹药 / 10发弹匣

捷克"猎鹰"狙击步枪

小档案
- 口径：12.7毫米
- 全长：1260毫米
- 枪管长：839毫米
- 重量：12.9千克
- 弹容量：2发

"猎鹰"（Falcon）狙击步枪是捷克设计制造的手动狙击步枪（反器材步枪），分为两种型号，一种是发射12.7×99毫米北约标准弹的OP 96型，另一种是发射12.7×108毫米华约标准弹的OP 99型。该枪采用无托结构，使枪身显得短小，能让射手更方便携带。为了有效降低后坐力，枪口装有一个制动器，而枪托内也附有弹簧缓冲垫。

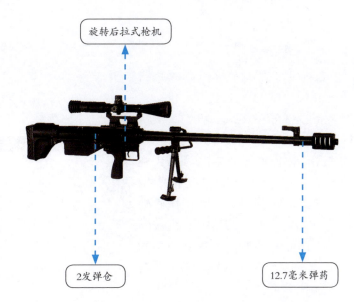

旋转后拉式枪机

2发弹仓

12.7毫米弹药

芬兰Sako TRG狙击步枪

小档案
- 口径：7.62毫米
- 全长：1150毫米
- 枪管长：660毫米
- 重量：4.9千克
- 弹容量：10发

Sako TRG狙击步枪是芬兰沙科公司设计制造的手动狙击步枪，主要分为TRG-21/41和TRG-22/42两个系列。1989年，沙科公司推出了0.308英寸温彻斯特（7.62×51毫米）口径的TRG-21狙击步枪。随后，又推出了将TRG-21的枪机延长并放大的型号，以使用0.338英寸拉普－马格南（8.58×70毫米）步枪弹，并且将其命名为TRG-41。20世纪90年代后期，为了满足军用需求，沙科公司对TRG-21/41的设计进行改进，其结果就是TRG-22/42。TRG系列狙击步枪的核心是冷锻而成的机匣和枪管，两者都为TRG提供了最大的强度、最轻的重量以及良好的耐磨性。

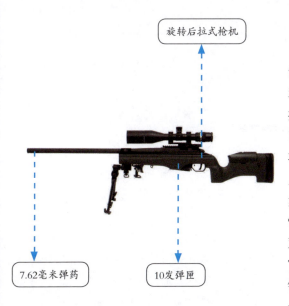

旋转后拉式枪机

7.62毫米弹药

10发弹匣

挪威NM149S狙击步枪

小档案
口　径：	7.62毫米
全　长：	1120毫米
枪管长：	600毫米
重　量：	5.6千克
弹容量：	5发

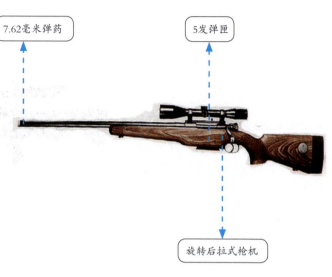

NM149S狙击步枪是挪威武器系统公司研制的手动狙击步枪，主要装备挪威陆军和执法机构。该枪的研发工作始于1985年，其研发目的是用于对800米以内的目标实施精确瞄准射击。NM149S狙击步枪的枪托表面浸渍树脂，利用托底板垫片可调整长度。该枪配有机械瞄准具，还配有施密特·本德公司的6×42瞄准镜，不用对武器调整归零，可以随便装卸。如果需要，该枪也可加装两脚架和消音器。

加拿大C14 MRSWS狙击步枪

小档案
口　径：	8.58毫米
全　长：	1200毫米
枪管长：	660毫米
重　量：	7.1千克
弹容量：	5发

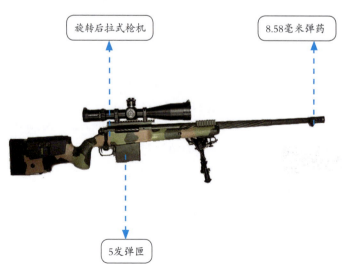

C14 MRSWS狙击步枪是加拿大PGW防务技术公司研制的手动狙击步枪，绰号"大灰狼"（Timberwolf），主要发射0.338英寸拉普－马格南（8.58×70毫米）步枪弹。该枪的枪机以不锈钢制造，具有螺旋形凹槽，在保持强度的同时减轻了重量。C14 MRSWS狙击步枪使用自由浮置式重型枪管，右旋膛线的缠距为254毫米。枪口装有可拆卸的不锈钢制动器，可以大幅减轻后坐力。

土耳其JNG-90狙击步枪

小档案
- 口径：7.62毫米
- 全长：1200毫米
- 枪管长：660毫米
- 重量：6.4千克
- 弹容量：10发

旋转后拉式枪机
10发弹匣
7.62毫米弹药

JNG-90狙击步枪是土耳其设计制造的手动狙击步枪，2007年在安卡拉举办的国际国防工业展中首次公开展出，目前已成为土耳其军队的制式狙击步枪之一。JNG-90狙击步枪的枪管上装有枪口制动器可用于降低后坐力，护木及枪托上均装有皮卡汀尼导轨以供射手装上各式各样的瞄准镜及战术配件，枪托为可调式。JNG-90狙击步枪发射7.62×51毫米北约标准步枪弹，有效射程约为1200米。

土耳其KNT-308狙击步枪

小档案
- 口径：7.62毫米
- 全长：1470毫米
- 枪管长：730毫米
- 重量：5.35千克
- 弹容量：5发

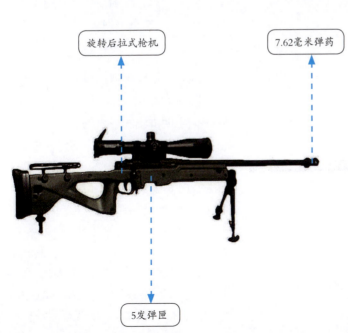

旋转后拉式枪机
7.62毫米弹药
5发弹匣

KNT-308狙击步枪是土耳其于2008年研制的手动狙击步枪。该枪的有效射程为800米，供弹方式为5发可拆卸弹匣，若不算上额外零件，其单价约为2000美元。根据生产商的说法，该枪比起其他同类型的狙击步枪轻30%，售价也比同类的武器便宜30%。该枪还有一种发射12.7×99毫米北约标准步枪弹的衍生型，其有效射程高达1700米。

南非NTW-20狙击步枪

小档案
- 口　径：20毫米
- 全　长：2015毫米
- 枪管长：1000毫米
- 重　量：26千克
- 弹容量：3发

NTW-20狙击步枪是南非研制的超大口径反器材步枪，主要发射20毫米枪弹，也可通过更换零部件的方式改为发射14.5毫米枪弹。该枪采用枪机回转式工作原理，枪口设有体积庞大的双膛制动器，可以将后坐力保持在可接受的水平。NTW-20狙击步枪没有安装机械瞄准具，但装有具备视差调节功能的8倍放大瞄准镜。一般情况下，NTW-20狙击步枪由两人携带并操作，两套手提箱中分别携带不同的套件，每套组件重12～15千克。

3发弹匣　转栓式枪机　20毫米弹药

南斯拉夫Zastava M76狙击步枪

小档案
- 口　径：7.92毫米
- 全　长：1135毫米
- 枪管长：550毫米
- 重　量：4.6千克
- 弹容量：10发

转栓式枪机　7.92毫米弹药　10发弹匣

Zastava M76狙击步枪是南斯拉夫扎斯塔瓦武器公司研制、并于20世纪70年代中期推出的半自动狙击步枪，发射7.92×57毫米毛瑟弹。该枪在设计概念上类似于苏联SVD狙击步枪，两者均是使用10发弹匣的半自动狙击步枪。不过，Zastava M76狙击步枪的内部构造和造型均与AK-47突击步枪相似。正是因为它采用了AK-47突击步枪的设计，所以被证明是简单和可靠的。除采用普通机械瞄准具外，Zastava M76狙击步枪还装有4倍放大率的光学瞄准镜。

南斯拉夫Zastava M91狙击步枪

小档案
- 口　径：7.62毫米
- 全　长：1195毫米
- 枪管长：620毫米
- 重　量：5.15千克
- 弹容量：10发

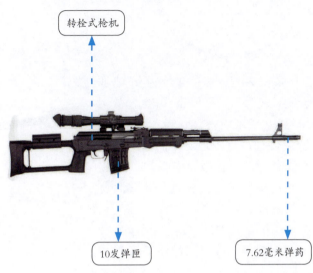

转栓式枪机　10发弹匣　7.62毫米弹药

Zastava M91狙击步枪是南斯拉夫扎斯塔瓦武器公司研制的半自动狙击步枪，发射7.62×54毫米步枪弹。与Zastava M76狙击步枪相似，Zastava M91狙击步枪的设计也受到了SVD狙击步枪和AK-47突击步枪的影响。它具有与SVD狙击步枪相似的连握把式枪托、消焰器、机匣以及枪机，内部结构方面则以AK-47突击步枪为基础放大而成。机匣左边设有导轨，可安装光学瞄准镜和夜视仪。

南斯拉夫Zastava M93狙击步枪

小档案
- 口　径：12.7毫米
- 全　长：1670毫米
- 枪管长：1000毫米
- 重　量：16千克
- 弹容量：5发

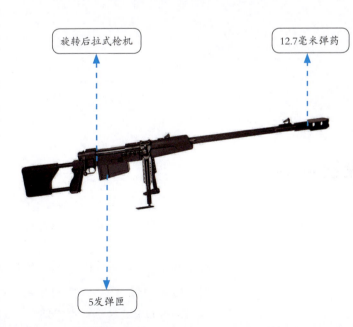

旋转后拉式枪机　12.7毫米弹药　5发弹匣

Zastava M93狙击步枪是南斯拉夫设计制造的手动狙击步枪（反器材步枪），绰号"黑箭"（Black Arrow）。该枪有两种不同设计，分别发射12.7×108毫米步枪弹和12.7×99毫米步枪弹。Zastava M93狙击步枪的旋转后拉式枪机设计是以毛瑟式操作系统作为基础的，具有精确可靠的优点。该枪只配备了8倍光学瞄准镜作为瞄准具，有效射程为1600米。

克罗地亚RT-20狙击步枪

小档案
- 口　径：20毫米
- 全　长：1330毫米
- 枪管长：920毫米
- 重　量：19.2千克
- 弹容量：1发

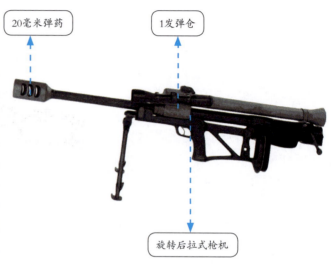

20毫米弹药　1发弹仓　旋转后拉式枪机

RT-20狙击步枪是克罗地亚研制的超大口径狙击步枪，发射20×110毫米枪弹。该枪于20世纪90年代初被克罗地亚军队采用，目前仍有一部分在服役中。RT-20狙击步枪采用了工艺先进的枪管、优异的瞄准镜和完善的制动系统，具有很高的射击精度，主要用于反器材和反装甲用途。该枪没有配备机械瞄准具，但配有望远式光学瞄准镜，安装在枪管上并偏向左侧。

匈牙利"猎豹"狙击步枪

小档案
- 口　径：12.7/14.5毫米
- 全　长：1570毫米
- 枪管长：1100毫米
- 重　量：17.5千克
- 弹容量：5发

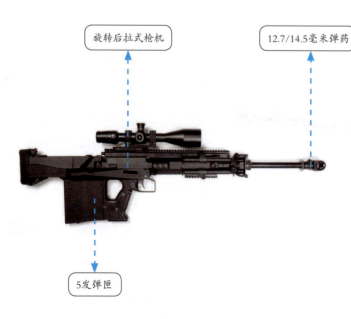

旋转后拉式枪机　12.7/14.5毫米弹药　5发弹匣

"猎豹"（Gepard）狙击步枪是匈牙利设计制造的重型狙击步枪（反器材步枪），具有射程远、杀伤力大及精度高等优点。"猎豹"狙击步枪在正式装备匈牙利军队后的第一个型号是1990年推出的M1单发型。之后，又推出了多种改进型，包括M1A1、M1A2、M2/M2A1、M3、M4、M5和M6等。各个型号都可以改换口径，以发射12.7×99毫米、12.7×108毫米和14.5×114毫米三种步枪弹。

罗马尼亚PSL狙击步枪

小档案
口　径：	7.62毫米
全　长：	1150毫米
枪管长：	620毫米
重　量：	4.31千克
弹容量：	10发

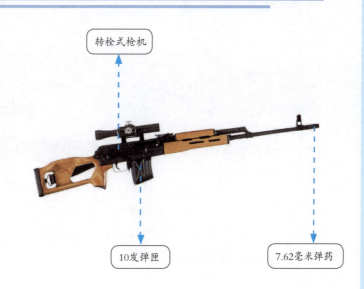

转栓式枪机

10发弹匣

7.62毫米弹药

PSL狙击步枪是罗马尼亚设计制造的半自动狙击步枪，1974年开始装备罗马尼亚军队，并陆续出口到其他国家。该枪是一种气动式半自动步枪，以滚转式枪机运作，机匣以钢板冲压而成，保险装置为AK样式。机匣左侧附有导轨，可供射手装上各种瞄准镜。PSL狙击步枪的标准瞄准镜为LPS-4瞄准镜，为苏制PSO-1瞄准镜的仿制品。

阿塞拜疆"独立"狙击步枪

小档案
口　径：	14.5毫米
全　长：	2256毫米
枪管长：	1300毫米
重　量：	19.8千克
弹容量：	10发

转栓式枪机

14.5毫米弹药

10发弹匣

"独立"（Istiglal）狙击步枪是阿塞拜疆国防工业公司生产的气动式半自动反器材步枪，发射14.5×114毫米步枪弹。该枪可以很方便地拆成两部分，以方便携带和运输。"独立"狙击步枪可以在恶劣的天气和环境下操作如常，其适应范围从 -50 ~ +50 摄氏度，降雨、泥土、下雪和尘埃等恶劣条件均能正常使用。由于重量较重，"独立"狙击步枪主要架设在车辆上使用。

菲律宾MSSR狙击步枪

小档案
- 口　径：5.56毫米
- 全　长：1073毫米
- 枪管长：610毫米
- 重　量：4.55千克
- 弹容量：30发

MSSR狙击步枪是菲律宾海军陆战队在美国M16A1突击步枪基础上改进而来的半自动狙击步枪，其名称意为"海军陆战队侦察狙击步枪"（Marine Scout Sniper Rifle）。菲律宾海军陆战队目前装备的MSSR狙击步枪为第三代版本，装有布什内尔3～9倍可变倍率瞄准镜，经由三个镜圈装在机匣顶部的M16A1提把上。枪管为比赛级枪管，膛线缠距为283毫米。MSSR狙击步枪装有两脚架，以降低后坐力及提高精确度。

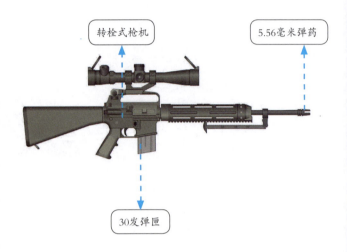

伊拉克"塔布克"步枪

小档案
- 口　径：7.62毫米
- 全　长：1110毫米
- 枪管长：600毫米
- 重　量：4.5千克
- 弹容量：20发

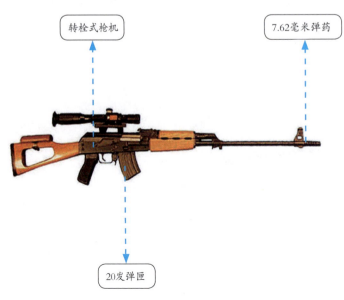

"塔布克"（Tabuk）步枪是伊拉克以AK步枪为基础改进而来的自动步枪，主要有标准型、短突击型和狙击型三种类型。其中，狙击型可视为伊拉克自行研制的"混血"产品，它实际上就是一支加装了带制动器的长枪管、骨架式枪托和光学瞄准具的半自动AK-47。该枪发射的是AK-47的7.62×39毫米中间型枪弹，而非大多数狙击步枪使用的7.62×54毫米或7.62×51毫米枪弹。

日本九七式狙击步枪

小档案
- 口　径：6.5毫米
- 全　长：1280毫米
- 枪管长：797毫米
- 重　量：3.95千克
- 弹容量：5发

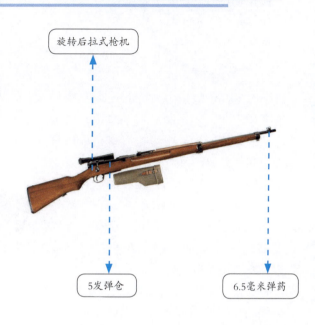

旋转后拉式枪机

5发弹仓

6.5毫米弹药

九七式狙击步枪是日本于1937年研制的手动狙击步枪，由于以皇纪年份命名，故名为九七式狙击步枪。该枪具有两个突出特点。一是枪口在射击时的火焰不明显，有利于隐藏射手的位置。在太平洋战场上，美军官兵经常死于日军冷枪之下，但苦于无法标定日军狙击手的位置。另外一个特点是拥有平稳的弹道，尽管6.5毫米有阪枪弹的初速仅有760米/秒，但仍能造成贯穿伤。被击中的美军士兵往往由于恶劣的卫生条件以及医疗资源的极度不足，最终死于败血症或破伤风。

日本九九式狙击步枪

小档案
- 口　径：7.7毫米
- 全　长：1058毫米
- 枪管长：657毫米
- 重　量：3.75千克
- 弹容量：5发

旋转后拉式枪机

5发弹仓

7.7毫米弹药

九九式狙击步枪是日本于1939年研制的九九式步枪的狙击型，也是日本在二战中使用的一种重要的狙击步枪。九九式狙击步枪在九九式短步枪的基础上加厚了枪管，加装了日本光学会社专门研制的4倍率光学瞄准镜，视野为7度，带有固定十字线。在战争后期生产的部分4倍率光学瞄准镜还有高低调节功能。九九式狙击步枪通常使用特制的7.7×58毫米减装药子弹，但是由于7.7毫米子弹装药量多于6.5毫米子弹，因此，九九式狙击步枪的发射特征比九七式狙击步枪的发射特征更为明显。

日本丰和64式步枪

小档案
- 口径：7.62毫米
- 全长：990毫米
- 枪管长：450毫米
- 重量：4.4千克
- 弹容量：20发

丰和64式（Howa Type 64）步枪是日本丰和工业公司研制的自动步枪，可加装光学瞄准镜变为狙击步枪。该枪采用日本传统的步枪外形和枪机机构。闭锁方式为枪机偏转式，拉机柄在机匣的上方，左右手均可操作。塑料制造的护木上有散热孔，其前端下方装有折叠式两脚架。丰和64式步枪采用直形木制枪托和枪口制动器，单发射击精度较好。该枪发射7.62毫米减装药弹，也可发射北约全装药步枪弹，但必须调节气体调节器旋钮以减小火药气体量和施加在活塞头上的压力。

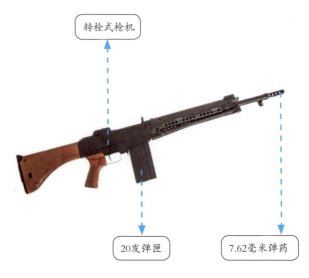

转栓式枪机
20发弹匣
7.62毫米弹药

韩国K14狙击步枪

小档案
- 口径：7.62毫米
- 全长：1150毫米
- 枪管长：610毫米
- 重量：5.1千克
- 弹容量：10发

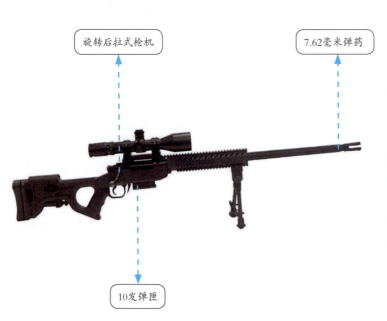

旋转后拉式枪机
7.62毫米弹药
10发弹匣

K14狙击步枪是韩国大宇集团设计制造的高精度手动狙击步枪，发射7.62×51毫米北约标准步枪弹，有效射程为800米。该枪使用10发弹匣供弹，具有较好的火力持续性。K14狙击步枪的设计类似雷明顿700步枪，所以熟悉雷明顿700步枪的射手可以很快上手，而且K14狙击步枪的尺寸较短，可以很方便地携带使用。

第7章

光影中的狙击步枪

对于大多数人来说，接触真正狙击步枪的机会少之又少，更多的是通过电影和游戏等途径来了解它们。在战争题材的电影和游戏中，威力强大的狙击步枪总是受到人们额外的关注。本章主要介绍一些经典电影和游戏中出现过的狙击步枪，可以帮助读者从侧面了解这种独特的武器。

电影中的狙击步枪

◆ 《兵临城下》

片名	《兵临城下》（Enemy at the Gates）
产地	美国
时长	131分钟
导演	让·雅克·阿诺
首映日期	2001年7月21日
类型	战争、爱情、动作
票房	9697万美元
编剧	让·雅克·阿诺
主演	裘德·洛、艾德·哈里斯、雷切尔·薇姿

▲《兵临城下》海报

★ 剧情简介

在二战著名的斯大林格勒战役中，德、苏两军对峙，成千上万的士兵互相厮杀、尸横遍野。苏联传奇狙击手瓦西里·扎采耶夫凭着他神准的枪法，歼灭无数敌军，他的响亮名号甚至传到敌军阵营，于是德军派出最顶尖的神枪手康尼上校和他一决高下，他们就在枪林弹雨中，展开了一场个人的生死之战。

▲《兵临城下》剧照

第 7 章 光影中的狙击步枪

★ 幕后制作

电影《兵临城下》改编自作家威廉·克雷格 1973 年的同名纪实小说，小说来源于真实事件，而主角瓦西里·扎采耶夫也是真实历史人物。瓦西里是乌拉尔山区的牧羊人，多年的放牧生活练就了他的好枪法。斯大林格勒战役打响后，瓦西里应征入伍。在 1942 年 11 月 10 日至 12 月 17 日之间，瓦西里共击杀 225 名轴心国的士兵与军官（包括 11 名狙击手），因此一战成名。

★ 枪械盘点

二战时期，各参战国并没有完善的狙击装备。当时，苏联红军狙击手主要使用莫辛－纳甘 M1891/30 步枪，而德军狙击手主要使用毛瑟 Kar98k 步枪。影片很好地还原了这一历史事实，这两种经典步枪分别被瓦西里和康尼上校使用，两人进行了一场巅峰对决。

▲ 影片中手持毛瑟 Kar98k 步枪的康尼上校

《生死狙击》

片名	《生死狙击》（Shooter）
产地	美国
时长	124分钟
导演	安东尼·福奎阿
首映日期	2007年3月23日
类型	动作、谍战
票房	9568万美元
编剧	乔纳森·莱姆金
主演	马克·沃尔伯格、丹尼·格洛弗、迈克尔·佩纳

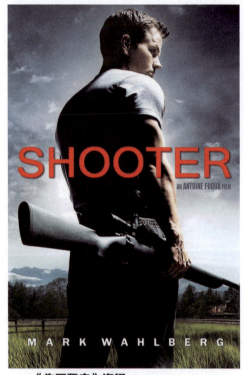

▲《生死狙击》海报

★ 剧情简介

影片开始美国退役狙击手鲍勃正在阿肯色州享受退役后的休闲时光，不料，平地生波，他的前上司来拜访他，希望他能接受一项新的任务——在总统街头演讲那天充当隐形狙击手暗中保护总统。虽然万分不情愿，但禁不住上司的游说，鲍勃最终答应了。总统演讲那天，鲍勃正在仔细观察四周情况时，会场突然遭到枪手袭击，总统身边的衣索比亚主教被杀。鲍勃被当成了暗杀者，遭到警方追捕。鲍勃心知自己成了替罪羔羊，他奋力在身中两枪的情况下逃走了。此时鲍勃唯一的出路就是找出幕后的真凶，为自己洗刷罪名。

▲《生死狙击》剧照

★ 幕后制作

影片改编自"普利策奖"得主斯蒂芬·亨特的畅销小说《冲撞点》，编剧乔纳森·莱姆金将长达550页的小说改编成120页的剧本。为了更好地刻画影片主人公鲍勃，乔纳森·莱姆金还接受了狙击手训练课程。最终，乔纳森·莱姆金以真实和惊险见长的剧本吸引了导演安东尼·福奎阿和主演马克·沃尔伯格的关注。

★ 枪械盘点

影片中上镜率最高的是M40A3狙击步枪。例如，影片开始时，男主角埋伏在小山坡上袭击敌方人员时使用的便是配备了Unertl 10倍瞄准镜的M40A3狙击步枪，男主角使用它击毙了多名敌人，包括那名最开始被击毙的车载重机枪射手。除此之外，影片中还出现了M24、M82和M200等狙击步枪。

▲ 影片中手持M40A3狙击步枪的男主角

◆ 《太阳之泪》

片名	《太阳之泪》（Tears of the Sun）
产地	美国
时长	121分钟
导演	安东尼·福奎阿
首映日期	2003年3月7日
类型	动作
票房	4342万美元
编剧	艾历士·拉斯加
主演	布鲁斯·威利斯、蒙妮卡·贝鲁奇、高尔·候斯

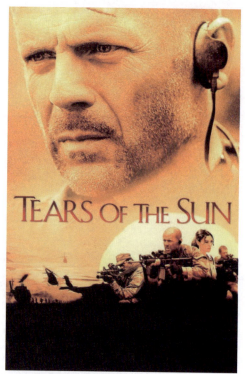

▲《太阳之泪》海报

★ 剧情简介

影片中"海豹"突击队的中尉华特斯奉命带领一支"海豹"分队前往正处于内战的尼日利亚执行任务，任务的内容是拯救在当地执行人道救援的美国公民莲娜·坚迪斯医生、两位修女及一位神父。当小队到达并准备带走坚迪斯医生时，她因不想离弃那些在她照顾之下已日渐康复的病人，

▲《太阳之泪》剧照

所以拒绝与华特斯中尉撤离驻地,她要求华特斯中尉让这近百个难民跟她一起撤离,无计可施的华特斯中尉只好答应同时带走可以行走的难民。

小队到达原定计划中的直升机接送地点,华特斯却只带坚迪斯医生上直升机,而留下难民不顾。当直升机飞过驻地时,发现留在驻地的难民全被路经的尼日利亚反政府叛军杀死,使华特斯中尉决定返回及带走被遗下的28名难民至喀麦隆边境。在经过激烈战斗并付出一定的伤亡代价后,小队成功带着坚迪斯医生、亚瑟及余下难民到达喀麦隆边境。

★ 幕后制作

影片拍摄期间,扮演"海豹"突击队员的演员除了要接受两周的集训外,还要在戏里戏外互相称呼各自扮演的角色姓名,以培养团队意识。影片的视觉特效由赫赫有名的工业光魔公司负责,而配乐则由配乐大师汉斯·季莫负责。

★ 枪械盘点

影片并非专门刻画狙击手的电影,但片中仍有一些经典的狙击镜头,队伍中的"海豹"突击队狙击手使用的是M25轻型狙击步枪。

▲ 影片中手持不同武器的"海豹"队员

游戏中的狙击步枪

◆ 《战地3》

游戏名	《战地3》（Battlefield 3）
产地	美国
开发商	艺电公司
上线日期	2011年10月25日
游戏类型	第一人称射击
游戏平台	PC、PS3、Xbox360

▲《战地3》海报

★ 游戏剧情

单人剧情讲述了在2014年，两伊边境涌出了一个恐怖组织团体"人民解放与反抗组织"（PLR），美国海军陆战队一个五人战术小队的成员布莱克上士，发现了美军在俄罗斯的卧底是恐怖主义和民族复仇者的特工所罗门。布莱克抓捕了PLR的头目法鲁克·巴希尔，并发现PLR只是所罗门的一颗棋子，所罗门想通过PLR的掩护报复欧洲和美国。布莱克沿着线索一路追查，但却没能阻止所罗门指使手下引爆核弹。随后布莱克被美国中央情报局的情报人员审问。期间发生的所有任务，都是以布莱克的回忆为主。在本片结尾，布莱克与一位被抓获的战友一起逃离了审问室，在追捕的过程中唯一活着的战友被所罗门杀死，布莱克在自己所有的队友阵亡的情况下，杀死了所罗门，终结了他的计划。

▲《战地3》游戏画面

★ 幕后制作

在瑞典军队的帮助下，游戏制作组为《战地3》录制了真实的枪械、坦克、直升机等战地装备声音，并反复在不同环境下播放，与真实声音对比效果。回到工作室后，声音被进一步地润色。《战地3》的武器音效十分纯粹，没有刻意为渲染战场气氛而保留乃至添加杂音，这可以让玩家更方便地通过声音判断敌情，掌握战场动态。

▲《战地3》壁纸

★ 枪械盘点

该游戏中有四大兵种，其中侦察兵负责侦察报点、远程狙杀和爆破目标，可使用的武器就包括 M98B 手动狙击步枪。

▲ 游戏中的狙击步枪

◆ 《反恐精英Online》

游戏名	《反恐精英Online》（Counter Strike Online）
产地	美国
开发商	NEXON
上线日期	2008年2月16日
游戏类型	第一人称射击
游戏平台	PC

▲《反恐精英 Online》海报

★ 游戏剧情

该游戏的主要模式有竞技模式、生化模式、求生模式、决战模式等。在竞技模式中，T阵营必须在指定的地点装置C4炸弹爆破目标，而CT阵营的任务则是阻止T阵营的行为。在生化模式中，人类要在僵尸的袭击下存活或击毙所有僵尸，而被感染为僵尸的玩家需要攻击人类从而将其感染为僵尸。

▲《反恐精英 Online》游戏画面

★ 幕后制作

《反恐精英Online》在完全继承原作精髓的基础上添加了新的模式、地图和角色，使玩家能够更好地体验网络化后带来的便利与快乐。《反恐精英Online》在韩国上市仅4天就创下了注册会员突破30万的佳绩，不到一个月的时间，注册会员就突破了100万人大关。

▲《反恐精英Online》壁纸

★ 枪械盘点

该游戏中出现的M2010狙击步枪采用土黄色枪身，并可通过武器强化系统升级两种强化型外观。除此之外，游戏中出现的狙击步枪还有M24A2、M200、SVD、VSK-94、AWP、G3/SG1、SG 550、Scout和TRG-42等。

▲ 游戏中的狙击步枪

参 考 文 献

[1] 军情视点. 全球枪械图鉴大全. 北京：化学工业出版社，2016.

[2] 西风. 狙击步枪. 北京：军事谊文出版社，2010.

[3] 菲利普·布莱. 世界轻武器精粹：狙击步枪. 北京：人民邮电出版社，2011.

[4] 崔钟雷. 视觉大发现·冷面杀手－狙击步枪. 长春：吉林美术出版社，2012.

[5] 黎贯宇. 世界名枪全鉴——狙击步枪. 北京：机械工业出版社，2013.

[6] 张庆春. 经典枪械完全图解手册. 北京：人民邮电出版社，2013.